鱼类的
100个冷知识

赵亮/文

天地出版社 | TIANDI PRESS

图书在版编目（CIP）数据

鱼类的100个冷知识 / 赵亮文．-- 成都 ：天地出版社，2025.2

（猜你不知道）

ISBN 978-7-5455-8250-5

Ⅰ．①鱼… Ⅱ．①赵… Ⅲ．①鱼类－儿童读物 Ⅳ．①Q959.4-49

中国国家版本馆CIP数据核字(2024)第033746号

CAI NI BU ZHIDAO · YULEI DE 100 GE LENG ZHISHI

猜你不知道·鱼类的100个冷知识

出 品 人　陈小雨　杨　政
监　　制　陈　德
作　　者　赵　亮
审　　订　刘清华
策划编辑　凌朝阳　何熙楠
责任编辑　何熙楠
责任校对　张月静
封面设计　田丽丹
内文排版　罗小玲
责任印制　高丽娟

出版发行　天地出版社
（成都市锦江区三色路238号　邮政编码：610023）
（北京市方庄芳群园3区3号　邮政编码：100078）
网　　址　http://www.tiandiph.com
经　　销　新华文轩出版传媒股份有限公司

印　　刷　北京天宇万达印刷有限公司
版　　次　2025年2月第1版
印　　次　2025年2月第1次印刷
开　　本　710mm × 1000mm 1/16
印　　张　13
字　　数　274千字
定　　价　40.00元
书　　号　ISBN 978-7-5455-8250-5

咨询电话：（028）86361282（总编室）
购书热线：（010）67693207（营销中心）

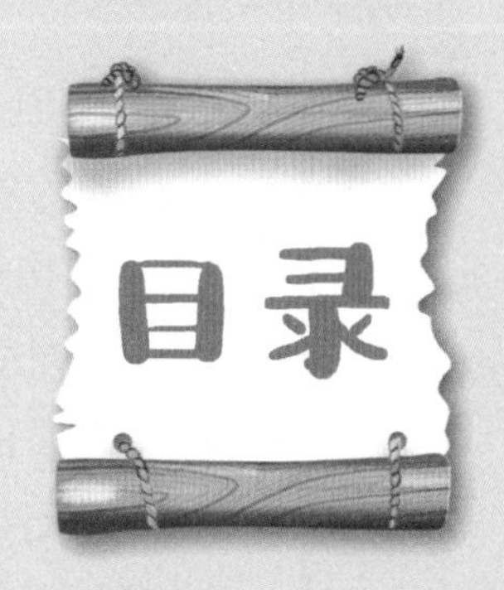

目录

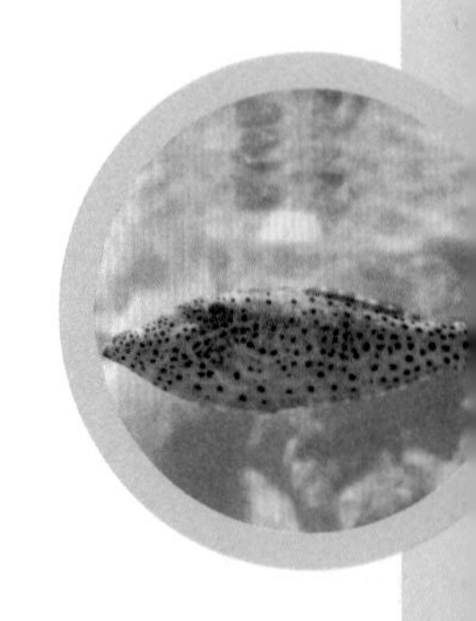

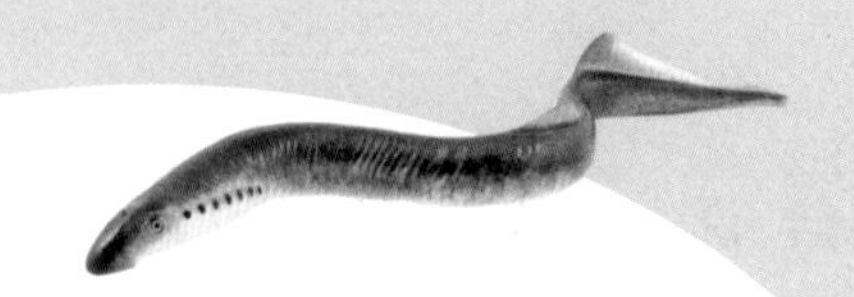

在本册书中，你会看到把宝宝含在嘴里的慈鲷、擅长跳跃的弹涂鱼、血液透明的耐寒鱼——鳄冰鱼、善于伪装的枯叶鱼、用尾巴捕猎的长尾鲨……看看它们都有哪些生存本领。现在就一起去探寻“慈鲷是怎么养育后代的”“弹涂鱼能离开水吗”“鳄冰鱼生活在什么地方”等问题的答案吧！

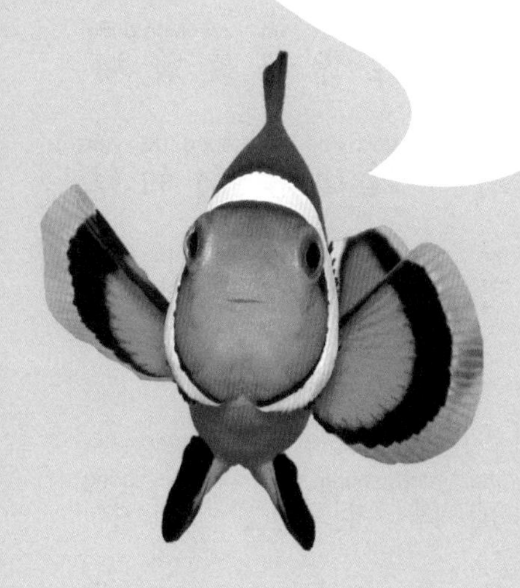

拿鲨鱼当"顺风车"的䲟鱼

俗话说，最危险的地方也是最安全的，生活在热带和温带海域里的䲟鱼就深谙此道。

䲟鱼来自硬骨鱼纲中最大的家族——鲈形目，属于䲟科，成年后体长约1米，喜欢在温暖海域的表层至中层活动（1000米以内）。

和我们常见的鱼不同，䲟鱼没有背鳍，取而代之的是一块贴在身上、覆盖住背部最前端和头顶的吸盘。吸盘的表面有一道道横向的纹路，看上去有点儿像鞋底，可以吸附在其他动物身上。

䲟鱼的吸附对象是大型海洋生物，其中最主要的是大白鲨、柠檬鲨等大型鲨鱼。吸附在这些凶猛猎手的肚子上，鲫鱼不仅省去了游动所需的体力，还能吃到从这些吸附对象嘴巴里掉出来的碎肉，又没有其他捕食者敢靠近，可谓一举三得。

“男变女”的小丑鱼

我们所称的小丑鱼并不是单一的一种鱼，而是泛指整个鲈形目雀鲷科海葵亚科的鱼，它们主要分布于太平洋和印度洋的温暖海域里。虽然名字里有个“丑”字，但其体色非常鲜艳，躲在海葵触手中时可以利用体色吸引其他小鱼靠近，供海葵食用，自己则受海葵保护。

小丑鱼是群居生活的动物。群体由雌性首领及其配偶，以及众多的幼鱼组成。幼鱼刚出生时全部是雄性。当雌性首领死亡或失踪后，它的配偶就会改变性别，成为新的雌性首领，而幼鱼里体形最大的一条则会变成新首领

的雄性配偶。也就是说，小丑鱼的雌性首领都是雄鱼变性而来的。这种在不同时期拥有不同性别的现象，在生物学上称为“顺序性雌雄同体”。

不吃鱼的肉食性鱼——大西洋狼鳚

人会挑食，动物也会。有些肉食性鱼就特别喜欢某类食物，大西洋狼鳚就是如此。

大西洋狼鳚俗称“大西洋狼鱼”，是鲈形目狼鳚科狼鳚属的物种。从名字不难看出，它

men de qī xī dì wéi dà xī yáng hǎi yù zhǔn què shuō shì běi dà xī yáng
们的栖息地为大西洋海域，准确说是北大西洋

de bīng hǎi zhōng shuǐ shēn mǐ yǐ nèi de qiǎn hǎi qū shì tā men de
的冰海中，水深100米以内的浅海区是它们的

zhǔ yào huó dòng chǎng suǒ
主要活动场所。

suī rán yǐ láng wéi míng bìng qiě kǒu zhōng zhǎng mǎn le fēng
虽然以“狼”为名，并且口中长满了锋

lì de yá chǐ dàn dà xī yáng láng wèi duì qí tā yú lái shuō què suàn
利的牙齿，但大西洋狼鳚对其他鱼来说却算

bú shàng kě pà de liè shǒu yīn wèi tā men de shí wù shì ruǎn tǐ dòng
不上可怕的猎手，因为它们的食物是软体动

wù wèi jiǎn shǎo zài dī shuǐ wēn huán jìng xià de rè liàng xiāo hào dà xī
物。为减少在低水温环境下的热量消耗，大西

yáng láng wèi bǔ liè shí bìng bù zhǔ dòng chū jī ér shì shǒu zài qī shēn de
洋狼鳚捕猎时并不主动出击，而是守在栖身的

dòng xué fù jìn yǐ yì dài láo děng zhe liè wù kào jìn shí fā dòng léi tíng
洞穴附近以逸待劳，等着猎物靠近时发动雷霆

yì jī píng jiè qiáng jìng yǒu lì de hé gǔ tā men kě yǐ qīng yì yǎo
一击。凭借强劲有力的颌骨，它们可以轻易咬

suì xiā xiè de jiǎ qiào
碎虾蟹的甲壳。

尾巴上有“手术刀”的刺尾鱼

在危机四伏的海洋中生存，没有安身立命之术可是不行的，刺尾鱼所倚仗的就是其尾巴上的硬棘。

刺尾鱼是鲈形目刺尾鱼科物种的统称，已知的有6属82种，栖息于热带和亚热带海域，我国南海也有分布。刺尾鱼喜欢在珊瑚礁附近活动，不同种类的刺尾鱼体形大小不一，从几厘米到数十厘米不等，身体形态则有卵圆或长圆形。

刺尾鱼的名字来源于它们尾部的坚硬棘刺，有些种类只有1个，有的则有好几个。这些硬棘如手术刀般锋利，可以轻易划伤追赶而

zhì de bǔ shí zhě yīn cǐ tā men yě bèi chēng wéi wài kē yī shēng
至的捕食者，因此它们也被称为“外科医生

yú chú le wù lǐ gōng jī cì wěi yú hái néng tōng guò jí cì bǎ
鱼”。除了物理攻击，刺尾鱼还能通过棘刺把

tǐ nèi de dú sù zhù rù bǔ shí zhě tǐ nèi zhì shǐ duì fāng chū xiàn téng
体内的毒素注入捕食者体内，致使对方出现疼

tòng má bì děng gǎn jué
痛、麻痹等感觉。

把宝宝含在嘴里的慈鲷

大部分鱼类产卵后都不会特意去看护它们，更不会在宝宝出生后继续照顾它们。但慈鲷却堪称鱼类中的模范家长。

慈鲷也叫丽鱼（大部分种类体色艳丽），泛指鲈形目慈鲷科的2000多种鱼，在非洲、美洲、东南亚都有分布，生活在淡水及淡咸水交汇处。慈鲷虽然个头儿普遍不大，但胃口却很好，凭借口中的小牙以及喉咙处用来磨碎食物的“咽颌”，鱼虾、软体动物、浮游生物和水藻，无论荤素，它们都能吃。

在养育后代方面，慈鲷可谓煞费苦心。有些种类会把卵产在贝壳内或岩石缝隙里，父母双方在周围守护；还有些种类（主要是非洲的）的雌鱼甚至会把鱼卵含在嘴里直到孵化出鱼宝宝，而雄鱼则负责建造产房（巢穴）和保卫领地。幼鱼如果遇到危险也会被妈妈含在口中保护起来。

靠“接吻”打斗的吻鲈

在人类的世界里，接吻代表着热爱，但在吻鲈的世界里，接吻却代表着打斗。

吻鲈是硬骨鱼纲鲈形目沼口鱼科沼口鱼属的物种，主要栖息于东南亚热带地区的淡水水域，最喜欢在水草茂盛的池塘或沼泽活动。吻鲈大部分个体呈淡雅的白色，是常见的观赏鱼。

吻鲈俗称“接吻鱼”，因为它们两两相遇时经常把嘴唇挨在一起。实际上，吻鲈这样做是在打斗。吻鲈是独居鱼类，领地意识很强，一旦发现陌生同类，特别是跟自己性

别一致的闯入者，就会立即上前干架，方法是用长有锯齿的嘴唇去咬对方。由于双方都采用这样的作战方式，所以看上去就像在接吻。

能“变出两个嘴巴”的伸口鱼

伸口鱼来自鲈形目大家族，属于其中的隆头鱼科伸口鱼属，栖息在印度洋和太平洋的热带海域，我国南海也有分布。伸口鱼主要在水深50米以内的海域活动，珊瑚丛是它们首选的安家之所。

静息状态下的伸口鱼体长约15厘米，但在捕猎时却会突然增加到20厘米以上，这是它们嘴巴伸长的结果。伸口鱼颌骨可以自内向外、向前伸展成管状，看起来就像从嘴巴里吐出个新嘴巴。伸口鱼吻部的管状结构大约长7.5厘米，瞬间前伸时不仅增大了捕猎范围，还会产生巨大的吸力，能把小鱼和小型无脊椎动物吸入口中。

把嘴巴当砍刀的旗鱼

硬骨鱼里有不少上下颌长度不一样的，旗鱼就属于此类。

旗鱼是硬骨鱼纲鲈形目旗鱼科旗鱼属的鱼，体长在3.3米左右，在太平洋、大西洋、印度洋的热带海域都有分布，喜欢在水面附近活动。旗鱼以各种小鱼为食，长长的上颌以及覆盖整个躯干的背鳍是它们最显著的外在特征。

在一些科幻小说中，旗鱼被描述成可以用大长嘴戳破船底，让船员淹死的可怕怪物；但现实中，它们的嘴不仅没那么坚硬，在攻击中所使用的主要方法也不是“刺”，而是“劈砍”。当凭借流线型身材和月牙状尾鳍带来的速度优势追上小鱼群后，旗鱼就会左右摇摆头部，用长剑一样的上颌“劈砍”猎物。在展开攻击的同时，它们还会像扬帆一样扬起背鳍（追逐时为减少阻力会先收起来）同时伸展长长的腹鳍，从上下两个方位防止猎物逃跑。

shàn cháng tiào yuè de tán tú yú
擅长跳跃的弹涂鱼

yǒu hěn duō shàn cháng tiào yuè de yú，tán tú yú shèn zhì zài lí
有很多擅长跳跃的鱼，弹涂鱼甚至在离
kāi shuǐ hòu hái néng tiào，yě yīn cǐ dé dào le "tiào tiào yú" zhè ge
开水后还能跳，也因此得到了“跳跳鱼”这个
sú míng。
俗名。

xiá yì de tán tú yú tè zhǐ yìng gǔ yú gāng lú xíng mù xiā hǔ yú
狭义的弹涂鱼特指硬骨鱼纲鲈形目虾虎鱼
kē tán tú yú shǔ de wù zhǒng，guǎng yì de zé hái bāo kuò dà tán tú yú
科弹涂鱼属的物种，广义的则还包括大弹涂鱼属、齿弹涂鱼属和青弹涂鱼属。按照广义的标准，现存的弹涂鱼超过30种，它们的体形差距很大，小的只有几厘米，大的则能到30厘米左右。但无论大小，弹涂鱼都有一对高高隆起的鼓包眼，都能上岸生活，擅长攀爬和弹跳。

就像鲸吸足氧气可以在水下活动较长时间一样，弹涂鱼的鳃盖具有储存水的功能，吸满水后可保障它们在陆地上自如活动。弹涂鱼灵活而有力的胸鳍能起到腿脚的作用，支撑它们在平地上前行。遇到陡坡，拥有吸盘的腹鳍就能发挥作用。如果前方没路，想要跳跃时，弹涂鱼还会用胸鳍发力，同时用尾巴敲打地面，相互配合着把自己弹起来。

喜欢吐沙喷石的虾虎鱼

虾虎鱼是硬骨鱼纲鲈形目虾虎鱼科鱼的统称。它们喜欢温暖的环境，栖息地以印度洋和西太平洋最为集中。大多数种类生活在包括红树林、潮汐带在内的热带及亚热带海域，少数种类具有在淡、咸水间洄游的习性。两个合并在一起呈吸盘状的腹鳍，让它们拥有像壁虎一样在垂直峭壁上攀爬的本领。

虾虎鱼是独居的鱼，只有在繁殖期才会成对居住。为吸引雌鱼为自己生宝宝，雄性虾虎鱼在繁殖期不仅会和其他雄鱼打架，还会用沙子和石头建造结实又精美的“婚房”，甚至会在内部建造产房。为尽快完工，雄性虾虎鱼通常会一次性用嘴含来大量的沙子和石头，通过喷吐的方式进行施工。

眼露红光的尖吻鲈

有些鱼的眼睛能发出红光，比如尖吻鲈。

尖吻鲈是硬骨鱼纲鲈形目尖吻鲈科尖吻鲈属的鱼，尖尖的嘴巴因下颌较长而形成“地包天”的样子。其广泛分布于太平洋西部和印度洋广袤海域内，北起中国、印度，南到澳大利亚，西到非洲东部都能见到它们的踪迹；海域周边淡水河的下游及入海口也是它们的栖息之所。尖吻鲈成年后体长可达2米，以各种小鱼、虾蟹及软体动物为食。

在我国的一些地区，尖吻鲈也叫“红目鲈”或“金目鲈”，这是因为它们呈褐色或金黄色的眼睛在夜晚会闪现淡红色的光芒。

可以反复改变性别的蓝条石斑鱼

大部分会变性的鱼只有一次变性的机会，而蓝条石斑鱼却可以反复变性。

蓝条石斑鱼也叫蓝点石斑鱼，是石斑鱼的一种，属于鲈形目鲈亚目，和花鲈是亲戚；主要栖息在美洲的热带海域，我国台湾

yě yǒu fēn bù shì xiōng měng de ròu shí xìng yú
也有分布，是凶猛的肉食性鱼。

lán tiáo shí bān yú zài màn cháng de yǎn huà guò chéng zhōng zhǎng
蓝条石斑鱼在漫长的演化过程中掌
wò le fǎn fù biàn xìng de běn lǐng shèn zhì zài yì tiān nèi jiù néng shí
握了反复变性的本领，甚至在一天内就能实
xiàn shù cì zhuǎn biàn zài fán zhí qī lán tiáo shí bān yú zài měi
现数次转变。在繁殖期，蓝条石斑鱼在每
cì wán chéng jiāo pèi hòu dōu huì hù huàn xìng bié fēn bié cháng shì dāng
次完成交配后都会互换性别，分别尝试当
zhǔn bà ba hé zhǔn mā ma zhè yàng zuò kě yǐ ràng
“准爸爸”和“准妈妈”。这样做可以让
gèng duō de chéng nián shí bān yú tǐ nèi yōng yǒu shòu jīng luǎn cóng ér
更多的成年石斑鱼体内拥有受精卵，从而
zēng jiā hòu dài de shù liàng yǒu shí lán tiáo shí bān yú yě huì wèi
增加后代的数量。有时，蓝条石斑鱼也会为
le wéi chí zhǒng qún de xìng bié píng héng ér biàn xìng jí dāng yí piàn
了维持种群的性别平衡而变性，即当一片
hǎi yù lán tiáo shí bān yú de xióng xìng tài shǎo shí yí bù fen cí
海域蓝条石斑鱼的雄性太少时，一部分雌
xìng huì biàn chéng xióng xìng fǎn zhī yì rán
性会变成雄性，反之亦然。

会制作“肥皂泡”的琉璃紫鲈

鱼会制造“肥皂泡”，这听起来非常不可思议。一种叫“琉璃紫鲈”的鱼看起来真就有这个本事。

琉璃紫鲈是硬骨鱼纲鲈形目鮨科紫鲈属的物种之一，除背部和身体两侧的少部分区域为黄色外，其余区域呈紫蓝色，体长约25厘米，分布在从印度洋到西太平洋的近海海域，喜欢在密布礁石的地方生活，以小鱼和甲壳类动物为食。

在遇到危险而受惊时，琉璃紫鲈皮肤上的腺体中会分泌有毒的黏液。这些黏液遇水后会形成类似肥皂泡的泡沫。由于这个特点，琉璃紫鲈在英文中就被形象地称为“肥皂鱼”。

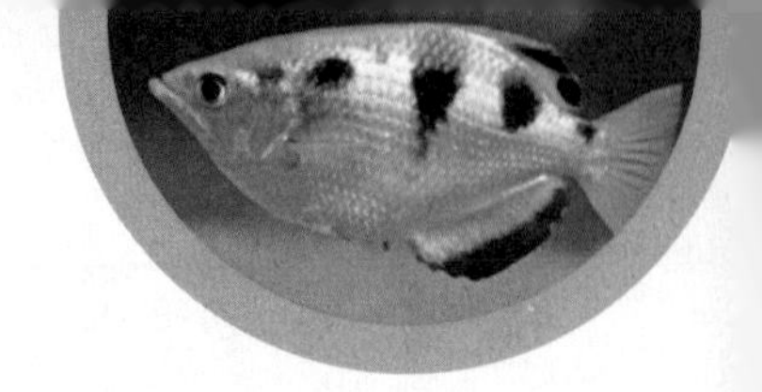

能进行远程打击的射水鱼

鱼家族里的射水鱼是个“神枪手”。射水鱼是硬骨鱼纲鲈形目射水鱼科射水鱼属的物种之一，也是射水鱼属的模式种。射水鱼体长约20厘米，广泛分布于印度洋及太平洋的热带和亚热带沿海及附近的淡水环境中，以各种昆虫为食。

和部分鱼种喜欢吃水生昆虫不同，射水鱼更偏好陆地上的猎物。射水鱼无法上岸，想要吃到低飞或者栖息在树上的美味就得靠“射击”。射水鱼在锁定目标后，首先会用舌头抵住口腔顶部的凹陷，形成一个管道，并把吸入的水存

zài zhè ge guǎn dào zhōng rán hòu duì zhǔn mù biāo bì sāi zhāng zuǐ lì yòng
在这个管道中，然后对准目标闭鳃张嘴，利用
jǐ yā de fāng shì bǎ kǒu zhōng de shuǐ pēn shè chū qù jí biàn shì miàn duì
挤压的方式把口中的水喷射出去。即便是面对
fēi xíng de liè wù shè shuǐ yú yě kě yǐ tōng guò wēi dòng shé jiān de fāng
飞行的猎物，射水鱼也可以通过微动舌尖的方
shì lái tiáo zhěng shè jī jiǎo dù cóng ér shí xiàn jīng zhǔn dǎ jī
式来调整射击角度，从而实现精准打击。

bèi jī zhòng de kūn chóng luò rù shuǐ zhōng xuán jí chéng wéi shè shuǐ yú
被击中的昆虫落入水中，旋即成为射水鱼
de pán zhōng cān
的“盘中餐”。

血液透明的耐寒鱼——鳄冰鱼

如果评选最耐寒的鱼，冠军恐怕非鳄冰鱼莫属。

鳄冰鱼泛指硬骨鱼纲鲈形目鳄冰鱼科的所有

鱼，拥有酷似鳄鱼的嘴巴，绝大多数种类生活在南极，是典型的冷水鱼；最爱吃小鱼以及磷虾等小型甲壳类动物。

鳄冰鱼名字里的“冰”除说明它们生活在冰海外，还道出了它们身体的特征。鳄冰鱼生活在溶解氧含量极高的冰海中，而且在低温下鱼的代谢率低，它们不需要能携带氧气的血红蛋白就能畅快呼吸，以至于包括血液在内的身体大部分地方（心脏除外）都是透明的，看上去就像冰一般。

不仅颜色另类，鳄冰鱼血液的抗冻性也超强，只有在零下2摄氏度时才会结冰，这温度甚至低于海水的冰点。甚至可以说，即便海水结了冰，鳄冰鱼的血液都能正常流动。

tóu bù sì qīng wā nǎo dai de huā bān lián qí
头部似青蛙脑袋的花斑连鳍

yǒu xiē yú lèi yóu yú shēn tǐ mǒu gè bù wèi jí wéi qí tè ér
有些鱼类由于身体某个部位极为奇特而
ràng rén yìn xiàng shēn kè bǐ rú huā bān lián qí
让人印象深刻，比如花斑连鳍。

huā bān lián qí shì yìng gǔ yú gāng lú xíng mù shǔ yú kē lián qí
花斑连鳍是硬骨鱼纲鲈形目鼠鱼科连鳍
yú shǔ de yú tǐ cháng yuē lí mǐ guǎng fàn fēn bù yú xī
鱼属的鱼，体长约6.5厘米，广泛分布于西太平洋海域。花斑连鳍拥有艳丽的外表，根据体色可分成红青、绿青、花青三类，它们喜欢在礁石密布或有较多水下洞穴的浅海区活动。

花斑连鳍有众多俗名，其中最形象的莫过于“青蛙鱼”了。这个名字是根据花斑连鳍那由一对鼓包眼和一张又短又宽的嘴组成的形状酷似青蛙脑袋的头部而得的。虽然嘴看上去很宽，但花斑连鳍的吞咽能力却很弱，只能以体形极小的无脊椎动物为食。

集体转圈的珍鲹

珍鲹是硬骨鱼纲鲈形目鲹科鲹属的鱼，成年后平均体长超过1米（已知最大的1.7米），栖息于热带海域的近海及附近的河流入海口，太平洋、印度洋、我国南海和台湾海峡都有分布。

珍鲹是典型的捕食性鱼，凡是能入口的

都想尝尝，虾蟹、乌贼、章鱼和其他鱼都在它们的菜单上，珍鲹跃出水面捕捉飞鸟的情况也不少见。研究发现，珍鲹拥有极高的捕猎智慧，不仅会悄悄跟踪海豚或鲨鱼等大型捕食者，伏击那些因被后者追赶而慌不择路的猎物，甚至还会刻意偷袭那些刚开始学习飞行的海鸟雏鸟。

最让人迷惑的是，珍鲹每年都会集体游进淡水河流中，上溯数千米，然后围在一起转圈。这种行为既不是在交配，也不是在寻找食物，生物学家至今没弄明白它们为何这样做。

拥有两条尾巴的双尾斗鱼

鱼类大部分都只有一条尾巴，但是双尾斗鱼是个例外。

双尾斗鱼是硬骨鱼纲鲈形目丝足鲈科斗鱼属的成员之一，体长8～10厘米，是原产于泰国的观赏鱼，栖息于不流动净水环境或流动极缓的溪流和沟渠中，20～25摄氏度的水温是它们的最爱。双尾斗鱼雄性之间经常进行激烈的打斗。

双尾斗鱼最特别的地方，当然是让它们得名的双尾了。和一些鱼尾鳍分叉成两部分不同，双尾斗鱼的两个尾鳍是分别从躯干后端的两根尾柄（从臀鳍到尾鳍之间的部分）上长出来的，也就是说，它们实实在在拥有两条尾巴。

善于伪装的枯叶鱼

螳螂家族里的枯叶螳螂，因长得像枯树叶而得名。无独有偶，鱼类里也有形似枯叶的，它们也自然被称为“枯叶鱼”。

枯叶鱼在分类中属于硬骨鱼纲鲈形目叶鲈科，体长约10厘米，是栖息在亚马孙河中的小型肉食性鱼类，以更小的鱼和无脊椎动物为食。

枯叶鱼主要在水流平缓的河道中活动，在寻找食物时会充分利用外形的优势。枯叶鱼有时会像一片随波逐流的叶子，悄无声息地漂到猎物身旁，然后快速伸长嘴巴发动攻

jī　yǒu shí zé gān cuì jìng zhǐ zài shuǐ zhōng　děng zhe bù míng zhēn xiàng
击；有时则干脆静止在水中，等着不明真相

de liè wù zì jǐ kào guò lái
的猎物自己靠过来。

huì zuò pí fū hù lǐ de dàn hóng mò tóu yú

会做“皮肤护理”的淡红墨头鱼

yǒu xiē xiǎo yú xǐ huan yǐ qí tā dòng wù pí fū shàng de xì jūn hé
有些小鱼喜欢以其他动物皮肤上的细菌和
suì xiè wéi shí yóu yú zhè zhǒng xíng wéi kě yǐ bāng qí tā dòng wù qīng jié
碎屑为食，由于这种行为可以帮其他动物清洁
pí fū zhì liáo jí bìng yīn cǐ zhè xiē xiǎo yú bèi tǒng chēng wéi yī
皮肤、治疗疾病，因此这些小鱼被统称为“医
shēng yú dàn hóng mò tóu yú jiù shì yī shēng yú zhōng de yì yuán
生鱼”。淡红墨头鱼就是医生鱼中的一员。

淡红墨头鱼和我们熟悉的鲤鱼是亲戚，属于鲤形目鲤科，体长约14厘米。野生种群出没于土耳其的温泉中，因此也叫“土耳其温泉鱼”。

淡红墨头鱼是杂食性鱼，以苔藓和其他动物身上的寄生虫为食。在进食的过程中，淡红墨头鱼会啄食大型动物的皮肤。由于没有牙齿，它们不会对被啄食者的皮肤造成损害，还能把坏死的角质碎屑、细菌及微生物清理掉，起到护理皮肤的作用。

鲤鱼的凶猛亲戚——花鲈鲤

我们平时所见的鲤鱼，不论是可食用的普通鲤鱼，还是供观赏的锦鲤，口中的牙齿无一不是又小又平的，但它们的近亲花鲈鲤却完全不是这样。

花鲈鲤是硬骨鱼纲鲤形目鲤科鲈鲤属的物种之一，身体细长，因体表的黑斑点合在一起像花纹而得名。野生种群主要栖息于我国云南省的南盘江和抚仙湖，金沙江流域也有零星分布，喜欢在中上层水域活动。

与杂食性的亲戚鲤鱼不同，花鲈鲤是纯肉

shí xìng yú lèi yōng yǒu fēng lì de yá chǐ xìng gé shàng yě yào xiōng
食性鱼类，拥有锋利的牙齿，性格上也要凶

měng hěn duō tā men dòng zuò xùn měng néng bǔ zhuō dào nà xiē sù dù
猛很多。它们动作迅猛，能捕捉到那些速度

hěn kuài de xiǎo yú
很快的小鱼。

在河蚌中产卵的鳑鲏

除了自己“动手盖房”，有些鱼还会选择和其他动物合作来提高自己后代的生存率，这其中比较突出的代表是鳑鲏。

鳑鲏在分类上和鲤鱼共处一科，是硬骨

鱼纲鲤形目鲤科鳑鲏亚科下3个属物种的统称，在东亚、东南亚、欧洲的淡水域都有分布。绝大多数种类选择在宽广的河、湖中生存，少数在石头密布的小溪安家。鳑鲏以水藻为主食，也从水草、浮游生物、水生昆虫、小型甲壳类等生物中摄取营养，是典型的杂食动物。

鳑鲏在自然界中有个非常亲密的朋友——河蚌。为了更好地繁殖后代，雌鳑鲏会把卵产在河蚌的鳃部。这样鱼卵一是可以得到河蚌的保护，降低被吃掉的风险；二是可以从河蚌吸入的水中获得溶解氧，提高孵化的成功率。作为回报，鳑鲏也“允许”河蚌的卵附着到自己身上并吸收营养。

拥有超强适应力的麦穗鱼

有些看似弱小的物种，凭借超强的适应能力，在自然界活得非常滋润，麦穗鱼就是如此。

麦穗鱼在分类上属于鲤形目鲤科麦穗鱼属，是一种体长在10厘米左右的小型鱼，原是东亚特有鱼种，产于包括我国东部及台湾地区，以及日本在内的东亚淡水水系中；喜欢在水流平缓且能见度较低的浅水区活动，尤其喜欢长满水草的地方。

别看麦穗鱼个子小，如今它们却已经在我国云南及其他许多国家和地区成了强势的入侵物种，尤其以欧洲的情况最为严重。麦穗鱼拥有

chāo jí bàng de wèi kǒu hé fán zhí néng lì dāng rén men chū yú xiāo miè
超级棒的胃口和繁殖能力，当人们出于消灭

wén chóng wén zi yòu chóng yě shì mài suì yú de shí wù děng mù dì
蚊虫（蚊子幼虫也是麦穗鱼的食物）等目的

bǎ zhè xiē xiǎo yú yǐn rù yuán běn bù shǔ yú tā men de dì fang hòu zhè
把这些小鱼引入原本不属于它们的地方后，这

xiē xiǎo jiā huo píng jiè tūn shí yú luǎn dà liàng fán zhí néng shì yìng è
些小家伙凭借吞食鱼卵、大量繁殖、能适应恶

liè huán jìng děng gè zhǒng xiān tiān yōu shì qīng ér yì jǔ de jǐ zhàn le
劣环境等各种先天优势，轻而易举地挤占了

dāng dì yuán shēng yú zhǒng de shēng cún kōng jiān zhì shǐ hěn duō yuán shēng
当地原生鱼种的生存空间，致使很多原生

yú zhǒng bīn lín miè jué
鱼种濒临灭绝。

喉咙里“长石头”的青鱼

小说《鬼吹灯》中描述了一种叫“青鱼石”的可驱邪避毒饰品；现实中，青鱼的体内的确长有酷似宝石的物质，只是并没有什么驱邪避毒的功效。

青鱼是我国的四大家鱼之一（另外三种是草鱼、鲢鱼、鳙鱼），是硬骨鱼纲鲤形目鲤科青鱼属的唯一物种，成年后体长接近 1.5 米（已知最大个体 1.92 米），分布于全球温暖的淡水环境中，在螺、蚌等软体动物数量较多的底层水域栖息，不喜欢游动，几乎不会到水的中上层来。

青鱼喜欢待在软体动物较多的地方，毫无疑问，它们要以软体动物为食。在面对这些美味时，青鱼主要靠喉咙上的咽齿来完成碾壳工作，久而久之，喉咙枕骨的地方就变得越来越硬，直到生长成类似石头的角质增生，也就是青鱼石。青鱼石的大小和青鱼的体形成正比，鱼越大，石头也越大。

zhǎng dà hòu dà biàn yàng de yān zhī yú

长大后大变样的胭脂鱼

zài wǒ guó cháng jiāng liú yù de yú mín zhōng liú chuán zhe yí jù yàn

在我国长江流域的渔民中，流传着一句谚

yǔ qiān jīn là zi wàn jīn xiàng huáng pái dà le bú xiàng yàng

语：“千斤腊子万斤象，黄排大了不像样。”

qí zhōng de huáng pái jiù shì yān zhi yú de sú chēng zhī yī

其中的“黄排”就是胭脂鱼的俗称之一。

胭脂鱼是鲤形目亚口鱼科胭脂鱼属的物种，是我国特有鱼种，广泛分布于长江流域，以上游居多，福建闽江也有分布。胭脂鱼体长在50～60厘米，以水中的无脊椎动物和有机碎屑为食。

“黄排大了不像样”，说的是胭脂鱼成鱼和幼鱼的差别太过明显，除大小和体形外，身体细节也有不少变化。幼年胭脂鱼总体呈褐色，体侧有3条黑褐色斑纹；长大后则变成了粉红色或青紫色，身体正中从吻部到尾鳍基部还长出了1道较宽的猩红色条纹。

在树叶上产卵的溅水鱼

鱼生活在水中，它们中的大多数把卵也产在水中。溅水鱼却“别出心裁”，把卵产在了树上。

溅水鱼在分类上属于脂鲤科，目前已发现50余种，野生种群分布于亚马孙河流域。

从外表看，体长不足10厘米的溅水鱼毫无特色，但它们的产卵方式却非常值得一提。为了防止后代被其他鱼甚至自己吃掉（有些溅水鱼饥饿时会吃掉自己产下的一部分卵），溅水鱼选择在具有黏附性的叶子上产卵。一旦选定目标，雄鱼和雌鱼就会身体紧挨着一起跳上去，并在跳跃过程中完成交配，将卵产到其他鱼

bù néng dào dá de yè zi shàng fū huà qī jiān xióng yú hái yào jīng cháng
不能到达的叶子上。孵化期间，雄鱼还要经常

yòng wěi qí pāi dǎ shuǐ miàn bǎ shuǐ jiàn dào yè zi shàng yǐ cǐ lái fáng
用尾鳍拍打水面，把水溅到叶子上，以此来防

zhǐ yú luǎn yīn quē shuǐ ér gān liè zhè ge gōng zuò yào yì zhí chí xù dào yòu
止鱼卵因缺水而干裂，这个工作要一直持续到幼

yú chū shēng
鱼出生。

靠装死捕猎的鲶鱼

有些动物会通过装死的方式引诱猎物上当，生活在我国南方水域的鲶鱼就是如此。

鲶鱼是鲶形目鲶科鱼的统称，包含若干个属种，其中的鲶属就是我们日常所说的鲶鱼。鲶鱼浑身无鳞，是典型的肉食性鱼，主要以小型水生动物为食，偶尔也尝试捕捉陆地上的猎物，生活在我国南方沿海地区的鲶鱼就会诱捕老鼠。

老鼠的食性很杂，几乎什么都吃，这其中自然也包括鱼肉。鲶鱼就把自己当饵，诱捕老鼠。鲶鱼会把尾巴露出水面，同时利用身上

的腺体发出类似死亡腐败的臭味，让老鼠误以为遇到了一条死鱼。当老鼠靠近时，鲶鱼就会以迅雷不及掩耳之势甩动尾巴，把老鼠打入水中，再以同样快的速度一口咬住老鼠，之后，鲶鱼就可以饱餐一顿了。

体重最重的淡水鱼——
湄公河巨型鲶鱼

2005年，某科研团队在泰国湄公河内捕获一条体重达293千克的巨型鲶鱼，成为吉尼斯世界纪录中体重最重的淡水鱼。

湄公河巨型鲶鱼是鲶形目鲶科巨鲶属的鱼，体长可达3米，因分布于湄公河流域且体形巨大而得名。

和家族里很多小个子亲戚长有锋利的牙齿不同，湄公河巨型鲶鱼没有牙齿（幼鱼时期有），除此之外，它们的下颌骨和犁骨也在成年后退化消失。因此，虽然体形巨大，成年后的湄公河巨型鲶鱼却是个素食者，最主要的食物是水藻。因为没有牙，湄公河巨型鲶鱼进食只能是囫囵吞枣地大口咽下，有时甚至会把石块也一起吞下去。

“吃木头”的食木鲶鱼

在漫长的演化过程中，很多动物都有了自己的专属食材，木头就是食木鲶鱼的食材。

食木鲶鱼又叫“皇冠豹异型鱼”，是鲶形目甲鲶科的成员，体长约80厘米，是亚马孙河流域特有的鲶鱼，直到2010年才被生物学家发现。

食木鲶鱼拥有像勺子一样的牙齿，可以将木头啃成小块并吞入腹中，让人误以为它们以吃木头为生，这也是它们得名的原因。食木鲶鱼这样做的目的，并不是真的想吃木头，而是为了获取其上附着的微生物和有机

suì xiè yǐ cǐ lái shè rù yíng yǎng zhì yú bèi shí mù nián yú chī jìn
碎屑，以此来摄入营养。至于被食木鲶鱼吃进
qù de mù tou běn shēn zé huì zài shí mù nián yú tǐ nèi chuān cháng ér
去的木头本身，则会在食木鲶鱼体内穿肠而
guò zuò wéi fèi wu pái chū
过，作为废物排出。

喜欢腹部朝上游泳的倒游鲶

游泳比赛里有一种面部、前胸朝上的泳姿——仰泳。倒游鲶就非常喜欢仰泳。

倒游鲶是硬骨鱼纲鲶形目倒立鲶科鱼的统称，野生种群分布于非洲刚果河流域以及维多利亚湖、马拉维湖等若干个湖泊中。倒游鲶绝大多数体长为5～6厘米，少数种类能长到15厘米；因拥有类似猫胡须一样的须子而有“反游猫”这个名字。倒游鲶是杂食性鱼，昆虫、小鱼及甲壳类动物、水草和水藻都在它们的食谱中。

和大多数鱼黑背白腹的搭配相反，倒游鲶长有黑色的腹部和白色的脊背，这使得它们在水中非常显眼，容易被猎物或天敌发现。但倒游鲶很好地克服了这个“先天缺陷”，它们不仅学会了腹部朝上游泳，还能利用这种“躺平”的姿势随时张嘴吞食水面的猎物。

倒游鲶大多数时候都会采用仰泳的姿势活动，但在必要时刻（比如捕捉水下猎物时），它们也能正过身子游泳，这是幼年时养成的习惯。

yú lèi zhōng de dù juān mì diǎn qí xū wéi

鱼类中的杜鹃——密点歧须鮠

niǎo lèi lǐ de dù juān huì bǎ dàn chǎn zài qí tā niǎo de cháo zhōng ràng
鸟类里的杜鹃会把蛋产在其他鸟的巢中，让
bié rén wèi zì jǐ yì wù yǎng wá yì zhǒng míng jiào mì diǎn qí xū wéi de
别人为自己义务养娃。一种名叫密点歧须鮠的
nián yú tóng yàng xǐ huan zhè yàng cāo zuò
鲶鱼，同样喜欢这样操作。

mì diǎn qí xū wéi shì yìng gǔ yú gāng nián xíng mù dào lì nián kē qí xū
密点歧须鮠是硬骨鱼纲鲶形目倒立鲶科歧须
wéi shǔ de yú shì chún cuì de dàn shuǐ yú fēn bù yú fēi zhōu zhōng bù
鮠属的鱼，是纯粹的淡水鱼，分布于非洲中部
de tǎn gá ní kā hú
的坦噶尼喀湖。

和大多数鱼一样，密点歧须鮠也不会护卵和育幼，但它们为自己的后代找了个很好的保姆，这就是会把鱼卵含在嘴里的慈鲷。“身怀六甲”的雌性密点歧须鮠会突然出现在刚产卵的慈鲷身旁，一边偷吃对方的卵，一边产下自己的卵。眼看外敌入侵，护卵心切的慈鲷妈妈加快了含卵的速度，这样一来，很多密点歧须鮠的卵也被慈鲷含在口中保护起来。

相比于慈鲷，密点歧须鮠的卵孵化速度更快，幼鱼体形更大。这些年幼的密点歧须鮠继承了它们父母的“凶狠和贪婪”，会利用强有力的牙齿毫不犹豫地吃掉慈鲷的卵和幼鱼，以便独享养父母的爱。

由于繁育后代的方式和杜鹃很像，密点歧须鮠得到了一个形象的俗名——“杜鹃鲶鱼”。

身上有黏液的钝口拟狮子鱼

俗话说“万物生长靠太阳”，但深海中的很多生物一生都看不到阳光，钝口拟狮子鱼就是如此。

钝口拟狮子鱼是硬骨鱼纲鲉形目狮子鱼科的一个物种，栖息在太平洋西北部6000米以下的深海中，最深可生活在8178米的海底，创造了鱼类生存的水深纪录。

钝口拟狮子鱼体长约20厘米，大脑袋、细身躯，体表没有鱼鳞，取而代之的是一层黏稠的胶状液体；宽大的嘴巴是由两个颚组成

de yí gè yòng yú tūn rù gōu xiā děng xiǎo xíng jiǎ qiào lèi dòng wù
的，一个用于吞入钩虾等小型甲壳类动物，
lìng yí gè zé yòng lái jǔ jué zuǐ ba zhōu biān wēi xiǎo de gǎn jué qì guān
另一个则用来咀嚼；嘴巴周边微小的感觉器官
néng zài qī hēi de huán jìng zhōng gǎn zhī zhōu wéi de zhuàng kuàng shì fā xiàn
能在漆黑的环境中感知周围的状况，是发现
liè wù hé duǒ bì tiān dí de zhòng yào gōng jù
猎物和躲避天敌的重要“工具”。

无骨无肉的水滴鱼

水滴鱼是鲉形目隐棘杜父鱼科隐棘杜父鱼属的物种，栖息在澳大利亚和新西兰的部分海域，喜欢在深度600～1200米的范围内活动。

我们看到的水滴鱼形象通常都是一个大大的鼻子和一张大嘴巴，看起来软塌塌的，如同发酵的面团。这是水滴鱼的身体构造和所处环境造成的。水滴鱼没有骨骼和肌肉，身体由类似胶状的物质构成，这些物质密度比水略小，因此在海中能漂浮或悬停，可以保持不变形。但当水滴鱼因为人类的捕捞等被迫上岸后，它们的身体就会由于无法承受自身重力而变形，成为又扁又软的一团。

“有毒的石头”——石头鱼

有些动物天生就是伪装大师，石头鱼就具有这种天赋。

石头鱼是鲉形目毒鲉科毒鲉属的物种，踪迹遍布印度洋和太平洋的热带、亚热带海域，我国的东海和南海都有分布。石头鱼喜欢在海藻和珊瑚丛附近活动，其体表无鳞，脊背呈青灰色，趴在海底礁石附近时看起来就像一块石头。

石头鱼通过伪装成石头来隐藏自己，躲避天敌的攻击。如果这招不成，它们还会利用脊背上和毒腺相连的棘刺进

行反击，给对方致命一击。石头鱼的毒刺有12～14根，附着在背部，看起来就像玫瑰，所以也叫“玫瑰毒鲉”。

喜欢走路的绿鳍鱼

弹涂鱼能到岸上行走，而无法上岸的绿鳍鱼同样喜欢“脚踏实地”。

绿鳍鱼在分类上属于硬骨鱼纲鲉形目鲂鮄科绿鳍鱼属，主要栖息于印度洋和大西洋西北部，我国沿海也有少量分布。绿鳍鱼以虾蟹等甲壳类动物为食，其名字来源于它们身上那对绿色的胸鳍。

绿鳍鱼是典型的底栖鱼，会利用宽大的胸鳍在浅海的海底游泳，但它们最喜欢的运动方式还是行走。和其他鱼种不同，绿鳍鱼左右胸鳍末端的鳍条各自可以

fēn chéng gè chà zhè xiē chà kàn shàng qù jiù xiàng xiā xiè de bù
分成3个叉，这些叉看上去就像虾蟹的步

zú kě yǐ zài pá xíng shí dàng tuǐ jiǎo shǐ yòng
足，可以在爬行时当腿脚使用。

靠“下巴”和“腿”感知味道的东方黄鲂鮄

相比于只能用舌头品尝味道的人，不同种类的鱼有不同的味蕾分布区域，东方黄鲂鮄的就长在须子上。

东方黄鲂鮄是硬骨鱼纲鲉形目黄鲂鮄科黄鲂鮄属的鱼类，体长约18厘米，以小型甲壳类动物为食。在头部前端分开，看上去像个两相插头的吻部是其最明显的外在特征。

如名字中“东方”所指的那样，东方黄鲂鮄是一种生活在世界东方的鱼，西北太平洋及其周边海域水深100～500米的地方是它们的栖

身之所。

和前面提到的绿鳍鱼一样，东方黄鲂鮄的胸鳍末端也长有类似虾蟹的“腿脚”。“腿脚”不仅可以用来在海底走路，上面分布的味蕾还和长在下颌触须上的味蕾一起组成了味觉器官，让东方黄鲂鮄可以品尝到食物的味道。

头部像大口袋的宽咽鱼

鸟类中的鹈鹕长有一个夸张的大嘴，鱼类里也不乏信奉“嘴大吃八方”的，宽咽鱼就是其中的代表。

宽咽鱼也叫咽囊鳗，和我们常吃的海鳗同属鳗鲡目，具体为宽咽鱼科宽咽鱼属。宽咽鱼成年后能长到2米，在太平洋、印度洋、大西洋都有分布，喜欢温暖的海域，1500～2750米的深海是它们的主要活动场所。

宽咽鱼拥有一个非常宽大的嘴巴和喉囊，整个头部看上去就像个大口袋，和细长的身体相比显得很不协调，但却非常实用。宽咽鱼尾巴末端拥有发光细胞，能把小鱼以

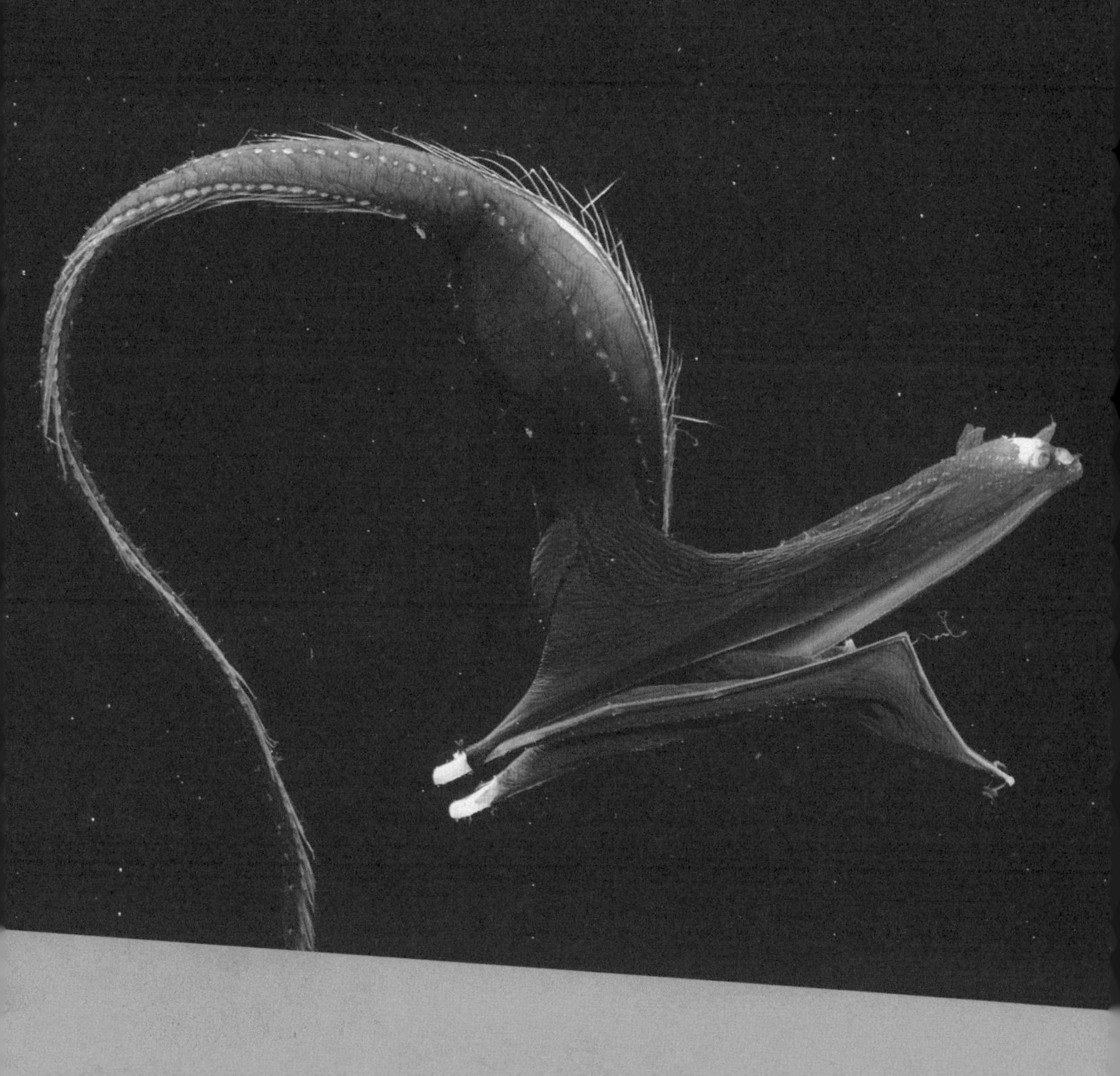

jí xiā xiè děng dòng wù xī yǐn guò lái suí hòu zhāng kāi dà zuǐ lián tóng
及虾蟹等动物吸引过来，随后张开大嘴连同
hǎi shuǐ yì qǐ nà rù kǒu zhōng zài jiāng hǎi shuǐ cóng sāi bù lǜ chū
海水一起纳入口中，再将海水从鳃部滤出，
zuì hòu jiāng shí wù tūn rù fù zhōng
最后将食物吞入腹中。

上颌正中长利齿的海鳗

有些常见种类的鱼也不乏比较特别的地方，海鳗的牙齿就与众不同。

海鳗在分类上属于硬骨鱼纲鳗鲡目海鳗科海鳗属，栖息于从印度洋到西太平洋的浅海海底，我国东海、南海、黄海、渤海、台湾海峡等海域都有分布。海鳗体长从几十厘米到接近两米不等，细长而柔软的身体由409根肌间刺支撑，是目前已知的刺最多的鱼。

海鳗是凶猛的肉食性鱼，鱼、虾蟹、乌贼和章鱼都在它们的捕食范围内。体形越大的海鳗越喜欢吃鱼和头足类生物，小一些的则以虾蟹为主。在捕猎的时候，海鳗除用上下颌两侧的牙齿进行啃咬外，上颌正中锋利而向内弯曲的“犁骨齿”（长在犁骨上）也能像钩子一样钩住猎物的身体，起到防止猎物逃脱的作用。

能混血制毒的美洲鳗鲡

有毒的鱼存毒的方式各有不同，美洲鳗鲡把毒“藏”在了血液里。

美洲鳗鲡是硬骨鱼纲鳗鲡目鳗鲡科鳗鲡属的物种之一，分布于大西洋西海岸及周边的淡水流域，体长1～1.5米，拥有蛇一般瘦长的身形，体色随着年龄的增长而变深：刚出生时为透明色，幼年时期为橄榄色，长大后变成棕色。以小型无脊椎动物和浮游生物为食。

美洲鳗鲡的血液在进入其他鱼的身体并和后者的血液接触后，就会产生毒素，使得捕食者不敢轻易朝它们下口。

和鲟鱼以及鲑鱼一样，美洲鳗鲡也是繁殖洄游鱼。不同的是，它们是从长期生活的江河进入大海里产卵，这种方式称为“降河洄游产卵”（鲑鱼和鳗鱼属于“溯河洄游产卵”）。

受惊就胖成球的河鲀

不同种类的鱼在面对天敌时会采用不同的防范策略。河鲀的做法就是让对方无从下口。

河鲀泛指鲀形目鲀科的鱼，现有200多

种，以小鱼、虾蟹、贝类等动物为食，虽然名字里有个“河”字，河鲀却广泛分布于热带、亚热带及温带海洋中，它们中的部分成员会在繁殖期进入江河产卵，而真正长期适应淡水生活的只有十余种。

河鲀拥有较为圆滚的身材，在遇到危险时，它们会把“胖”发挥到极致。它们会快速吞入水和空气，让身体快速膨胀成一个硬邦邦的大圆球，致使捕食者找不到下嘴的角度。

除了变形，河鲀还拥有将食物中的毒素储藏在体内，自己却不生病的本领。这些毒素是它们的另一个防身武器。不同种类的河鲀毒素强弱不同。

善于伪装的用毒高手——拟态革鲀

与大名鼎鼎的河鲀相比，拟态革鲀的名气要小很多，但它们的个头儿却比前者大很多。

拟态革鲀拥有比大多数鲀形目亲戚更长的尾巴，因此也叫“长尾革单棘鲀”，属于

tún xíng mù dān jí tún kē tǐ cháng yuē lí mǐ nǐ tài gé
鲀形目单棘鲀科，体长约75厘米。拟态革
tún shēng huó zài rè dài hé yà rè dài hǎi yáng de jìn hǎi qū yù shì
鲀生活在热带和亚热带海洋的近海区域，是
zá shí xìng yú lèi xiǎo yú xiā xiè hǎi kuí hǎi qiào hǎi
杂食性鱼类，小鱼、虾蟹、海葵、海鞘、海
zǎo dōu zài tā men de shí pǔ zhōng
藻都在它们的食谱中。

nǐ tài gé tún zài jìn shí de tóng shí huì bǎ yì xiē shí wù
拟态革鲀在进食的同时会把一些食物
zhōng de dú sù chǔ cún zài nèi zàng zhōng hé chéng yì zhǒng míng wéi
中的毒素储存在内脏中，合成一种名为
xuě kǎ dú sù de shén jīng dú sù qí dú xìng bǐ hé tún
“雪卡毒素”的神经毒素，其毒性比河鲀
de gāo hěn duō bèi zú yǐ dǎo zhì jiā chù sǐ wáng
的高很多倍，足以导致家畜死亡。

nǐ tài gé tún hái yǒu wěi zhuāng de běn lǐng tā men kě yǐ gǎi
拟态革鲀还有伪装的本领。它们可以改
biàn zì jǐ de tǐ sè hé xíng tài shǐ zì jǐ wán quán róng rù zhōu wéi
变自己的体色和形态，使自己完全融入周围
de huán jìng
的环境。

没有尾巴的翻车鱼

有些种类的鱼采用多生的办法来保障种群的延续，翻车鱼就是其中的代表。有观点认为，一条雌性翻车鱼一次最多能产下3亿枚卵。

翻车鱼的中文正式名叫“翻车鲀”，是硬骨鱼纲鲀形目翻车鲀科翻车鲀属的鱼，出没于世界各地的温暖海洋中。翻车鱼饥饿时在水深四五百米的位置捕食小鱼、虾蟹、水母等生物，吃饱后喜欢仰躺在海面晒太阳，其中文名正是由这个看上去像翻车的姿态而来的。

成年翻车鱼是平均体长超过2米，体重超过1吨的大块头，但刚出生时的它们却是体长只有2毫米的小不点儿，真正能顺利长大的只有千万分之一。随着年龄的增长，翻车鱼的尾鳍逐渐退化直到消失，取而代之的是鳍条延长的背鳍和臀鳍。这两个延长的鳍在翻车鱼的身体后部组成了一个“假尾鳍”，在游动时起着转换方向的作用。

受身体结构（没有尾鳍和腹鳍）的影响，翻车鱼的游泳速度非常慢，但好在它们的体形够大，而且皮肤又厚又粗糙，所以它们很少成为捕食者的首选目标。

xià yá zhǎng zài shé tou shàng de jù gǔ shé yú

“下牙”长在舌头上的巨骨舌鱼

dà duō shù jǐ zhuī dòng wù de yá chǐ dōu zhǎng zài shàng xià hé
大多数脊椎动物的牙齿都长在上下颌

shàng méi yǒu xià hé gǔ de jù gǔ shé yú xià yá jiù zhǎng
上，没有下颌骨的巨骨舌鱼，“下牙”就长

dào le shé tou shàng
到了舌头上。

巨骨舌鱼是硬骨鱼纲骨舌鱼目骨舌鱼科巨骨舌鱼属的唯一成员。一个“巨”字反映了它们体形的巨大，成年巨骨舌鱼体长可达6米，是亚马孙河中的巨无霸。

想成为霸主，除了足够大的块头，一副好牙口也是必不可少的。虽然没有下颌骨，但巨骨舌鱼的舌头上却有很多坚硬的凸起，这些凸起被称为“舌骨”。巨骨舌鱼捕猎时，舌骨（起下牙的作用）和上颌处细密的牙齿相互嵌合，可以有效防止猎物逃脱。巨骨舌鱼的食物以小鱼为主，两栖和爬行动物也在食谱中，有时它们还会偷袭贴水面飞行的水鸟。

下颌变长的象鼻鱼

象鼻鱼的鼻子很夸张，看上去就像在脸上插了根管子。

象鼻鱼是硬骨鱼纲骨舌鱼目象鼻鱼科物种的统称，体长为20～50厘米，栖息在非洲中部的淡水域中，以水生昆虫和小型甲壳类动物为主食。

让象鼻鱼得名的“长鼻子”，其实是其下颌骨延长的产物，也是其寻找食物的重要工具——可以当铲子用，把藏身在泥沙里的猎物挖出来。当然，在这之前它们首先要找到猎物的藏身之所，这就用到尾巴了。象鼻鱼尾部有个梭形器官，所发出的电脉冲信号在遇到不同

wù tǐ shí huì chǎn shēng bù tóng de huí bō tōng guò fǎn shè huí lái de xìn
物体时会产生不同的回波。通过反射回来的信

hào xiàng bí yú kě yǐ pàn duàn yù dào de shì liè wù hái shi tiān dí cóng
号，象鼻鱼可以判断遇到的是猎物还是天敌，从

ér jué dìng jìn gōng huò zhě táo pǎo
而决定进攻或者逃跑。

“会飞”的齿蝶鱼

鱼类中有一个叫“飞鱼”的群体（飞鱼科），这类鱼在空中展开胸鳍保持不动的样子，像鸟在滑翔（翅膀展开不振翅）的样子。其实，鱼类中也有能像鸟类振翅一样抖动胸鳍的，齿蝶鱼就属于此类。

齿蝶鱼是硬骨鱼纲骨舌鱼目齿蝶鱼科的唯一物种，体长8～12厘米，野生种群原产于西非及中非的淡水流域，最爱吃昆虫，但对于沉到水面下的猎物不感兴趣。

齿蝶鱼的腹鳍末端有像肢体一样的延长部分；尾鳍可分成3部分，中间部分的两根鳍条明显更长。最有特点的还是胸鳍，由于骨骼结构特殊，齿蝶鱼的胸鳍无法合拢到身体两侧，只能时刻保持伸展的姿态，这让它们的整个身体形态看起来很像蝴蝶。

当需要捕捉水面上的昆虫或躲避水下的捕食者时，齿蝶鱼会用力抖动灵活而有力的胸鳍，同时摆动尾鳍让自己跃出水面，并通过加快抖动频率来延长滞空时间。

看上去没眼睛的无脸鱼

由于生活在没有阳光的深海中，一些种类鱼的眼睛已经退化到几乎消失的程度，无脸鱼就是如此。

无脸鱼生活在从阿拉伯海到夏威夷海的广袤海域中，主要在3000～5000米的深海活动。它们嘴巴里长满细密的牙齿，以海底洞穴附近的甲壳类动物和水虱子为主食。无脸鱼拥有大脑袋、小身躯，就像大号蝌蚪一样；小小的眼睛和小小的嘴巴搭配在圆圆的脑袋上，看起来就像没有五官，因此无脸鱼的英文名直译过来就叫“无脸单鳍鳕”。

wú liǎn yú bìng fēi zhēn de méi yǒu yǎn jing zhǐ shì yǎn jing yǐ jīng
无脸鱼并非真的没有眼睛，只是眼睛已经
wán quán tuì huà dào le pí fū lǐ xiǎo de ràng rén hěn nán fā xiàn
完全退化到了皮肤里，小得让人很难发现，
tā men de zhōng wén zhèng míng wēi yǎn xīn yòu wèi jiù shuō míng le
它们的中文正名“微眼新鼬鳚”就说明了
zhè yì diǎn
这一点。

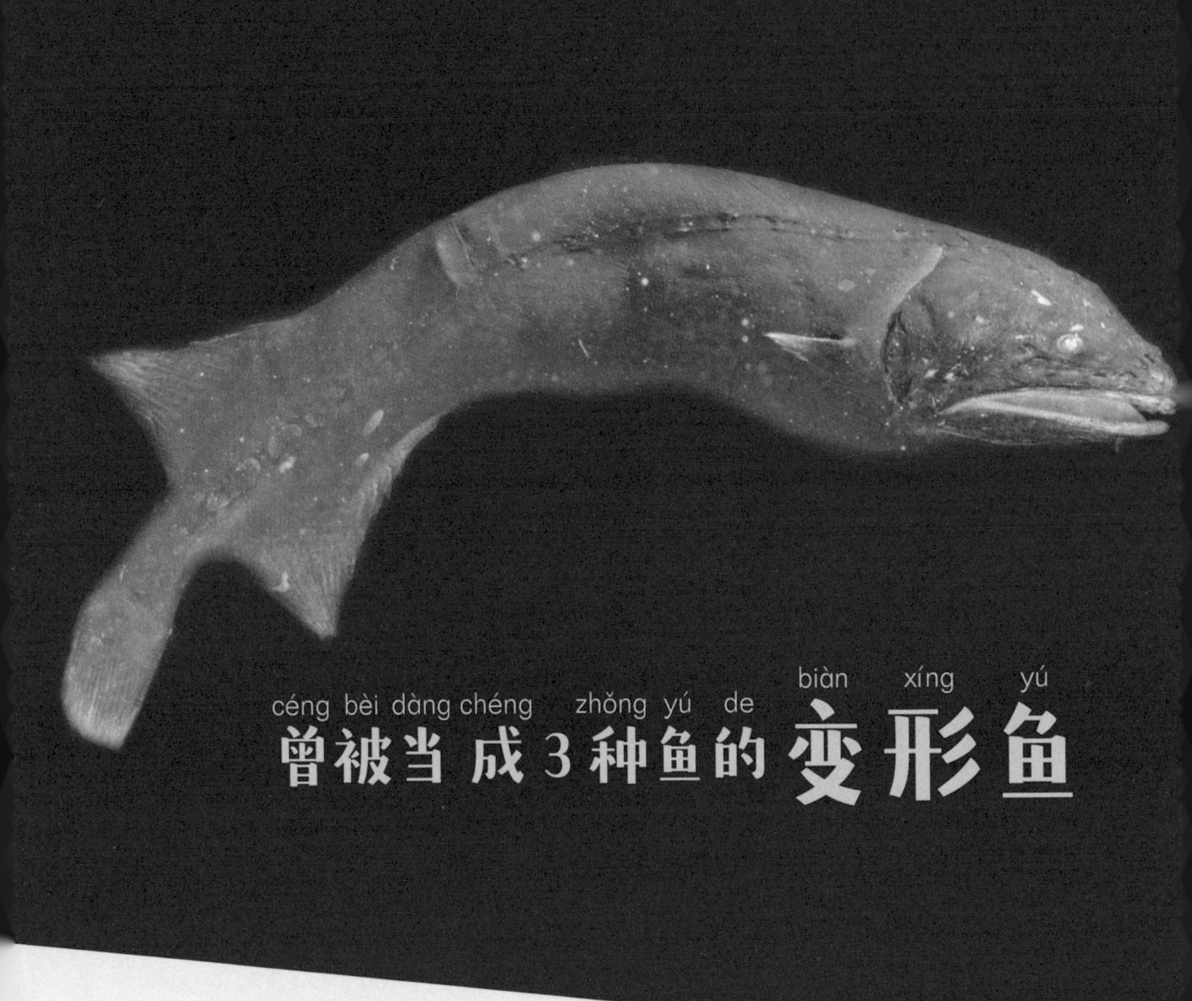

céng bèi dàng chéng zhǒng yú de biàn xíng yú

曾被当成3种鱼的变形鱼

jīng suī rán shì bǔ rǔ dòng wù dàn yóu yú yōng yǒu lèi sì yú de
鲸虽然是哺乳动物，但由于拥有类似鱼的
tǐ xíng hěn duō shí hou yě bèi wù chēng wéi jīng yú qí shí
体形，很多时候也被误称为“鲸鱼”。其实，
yú jiā zú lǐ hái zhēn yǒu yǐ jīng wéi míng de ér qiě hái zhǐ shì yì zhǒng
鱼家族里还真有以鲸为名的，而且还只是一种
yú de chéng nián cí xìng zhè zhǒng yú jiào biàn xíng yú
鱼的成年雌性，这种鱼叫“变形鱼”。

变形鱼并非真的会变形，其名字源于不同生长时期及两性样貌的巨大差异。幼年时期的变形鱼栖息在浅海区，名叫“缨尾鱼”，显著特征是尾巴末端类似飘带的延伸结构。长大后的变形鱼下潜到深海区生活，两性的外貌也发生了分化：雌性长出了类似须鲸的大嘴，故得名“鲸鱼”；雄性的口鼻部向前凸出，被形象地称为“大鼻子鱼”。

由于缨尾鱼、鲸鱼、大鼻子鱼三者看着差异过大，鱼类学家在很长时间内都把它们当成3种不同的鱼，直到2009年才通过DNA研究确认了它们其实是同一种鱼，并将其命名为“变形鱼”。

néng fā shè hóng guāng de hēi ruǎn hé yú

能发射红光的黑软颌鱼

shēn hǎi zhōng quē shǎo guāng zhào, dàn bìng fēi yí piàn qī hēi,
yīn wèi yǒu xiē yú huì zì jǐ fā guāng, lì rú hēi ruǎn hé yú.

深海中缺少光照，但并非一片漆黑，因为有些鱼会自己发光，例如黑软颌鱼。

hēi ruǎn hé yú shēng huó zài tài píng yáng、yìn dù yáng、dà

黑软颌鱼生活在太平洋、印度洋、大

西洋中水深700～3900米的温暖海域中，是一种体长只有20厘米的小鱼。别看个头儿小，黑软颌鱼在分类中却属于巨口鱼目，这是因为它们的下颌骨没有皮膜束缚，以至于整个嘴巴能张得很大。

黑软颌鱼是不折不扣的肉食性鱼，口中长满了锋利的小尖牙。黑软颌鱼的眼睛下面有能发红光的腺体，所发出的红光可以帮助它们看清猎物的位置。由于深海鱼普遍对红光不敏感，黑软颌鱼在发现猎物后就会张着嘴径直游过去，丝毫不担心会被猎物提前发现。

雌雄体形差异大的穴口奇棘鱼

尖牙鱼利用满口尖牙咬住猎物，宽咽鱼用大嘴生吞猎物，穴口奇棘鱼则完美地结合了二者的优势。

穴口奇棘鱼是巨口鱼目巨口鱼科的成

员，栖息于太平洋，通常在 400 ~ 800 米深的海域活动，有时也会下潜到 1100 米以下。

穴口奇棘鱼的雌雄体形差距非常悬殊。雄鱼只有 8 厘米长，而且没有牙齿；雌鱼则能长到半米左右，拥有长满尖牙利齿的大嘴。前面说结合了尖牙鱼和宽咽鱼的优势，就是指雌鱼。

雌性穴口奇棘鱼身上还有两处发光的地方，分别拥有不同的功能：一处位于嘴巴附近的触须旁，可用来引诱猎物；另一处在身体的两侧，是繁殖期用来吸引雄鱼的。

靠发光"隐身"的刺银斧鱼

有的鱼通过发光来捕猎，有的鱼则通过发光来隐身，刺银斧鱼就属于后一类。

刺银斧鱼也叫"棘尾银斧鱼"，是巨口鱼目褶胸鱼科银斧鱼属的成员，分布于全球的温暖海洋中，100～2000米的垂直深度都是它们的活动范围。

刺银斧鱼的体长只有7～8厘米，非常容易成为其他海洋动物的腹中食。为降低这种不幸发生的概率，它们演化出了靠发光来隐身的本事。刺银斧鱼的肚子上长有发光器官，发出的光颜色与银白色身体所反射的光颜色相同，从而让捕食者看不到自己的轮廓。这种伪装方式被称为“发光消影”。

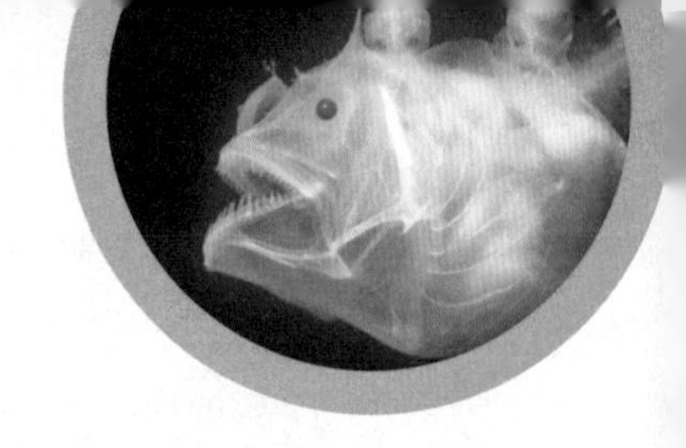

雌雄合体的角鮟鱇

有个成语叫“如胶似漆”，用来形容角鮟鱇再合适不过了。

角鮟鱇可泛指硬骨鱼纲鮟鱇目角鮟鱇科角鮟鱇属的所有鱼，有大约170种。鮟鱇目鱼靠近头部的前背鳍呈“鱼竿”状，它们的英文名含义就是“钓鱼的鱼”。不同种类的鮟鱇使用“鱼竿”的方式各不相同，角鮟鱇（主要为雌鱼）靠发光吸引，它们“鱼竿”的末端含有可发光的腺细胞，在氧气和微生物的配合下能产生微光，用来引诱趋光的小鱼、小虾。

shuō jiǎo ān kāng rú jiāo sì qī shì yīn wèi tā men de xióng xìng huì fù
说角鮟鱇如胶似漆，是因为它们的雄性会附

zhuó zài cí xìng shēn shàng jiǎo ān kāng yà mù de yì xiē zhǒng lèi de yú
着在雌性身上。角鮟鱇亚目的一些种类的鱼，

xióng xìng de tǐ xíng míng xiǎn xiǎo yú cí xìng yǒu de shèn zhì dá dào jǐ shí
雄性的体形明显小于雌性，有的甚至达到几十

bèi de tǐ xíng chā jù wèi le zài wēi jī sì fú de hǎi yáng zhōng shēng
倍的体形差距。为了在危机四伏的海洋中生

cún xióng yú zài jiāo pèi hòu huì yǒng jiǔ de fù zhuó zài pèi ǒu shēn shàng
存，雄鱼在交配后会永久地附着在配偶身上，

bìng zhú jiàn tuì huà chéng quán tou de xíng zhuàng chéng wéi hòu zhě shēn tǐ de
并逐渐退化成拳头的形状，成为后者身体的

yí bù fen
一部分。

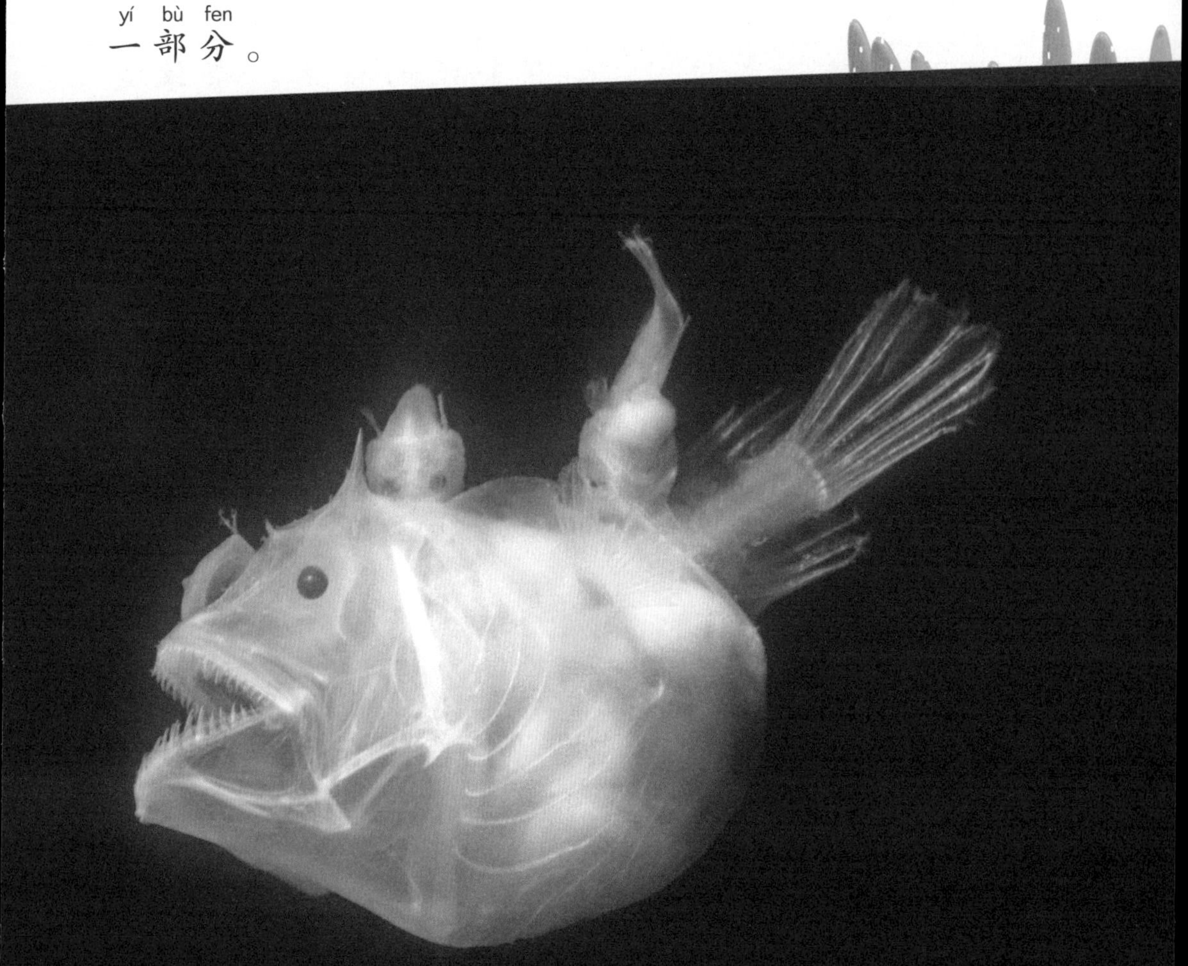

“大胃王”——条纹躄鱼

有些鱼能吞下比自己大很多的猎物，例如条纹bi鱼。

条纹躄鱼是鮟鱇目躄鱼科躄鱼属的物种，因背鳍、尾鳍等部位上长有条纹而得名。条纹躄鱼居住在亚热带海域，喜欢在浅海区的泥沙附近活动，它们的一对胸鳍灵活而有力，能像脚一样支撑身体爬行。

既然属于鮟鱇鱼大家族，条纹躄鱼背部靠近头顶的地方自然也有一根“鱼竿”，但并不会发光，而是起到引诱猎物的作用。条纹躄鱼的体色呈茶色或黄色，当它们在泥沙附近潜伏时，摆动的“鱼竿”看上去就像沙蚕，能把以其为食

de yú xiā xī yǐn guò lái děng dào liè wù kào de zú gòu jìn shí tā men
的鱼虾吸引过来。等到猎物靠得足够近时，它们

jiù zhāng kāi dà zuǐ yì kǒu tūn xià chú le zuǐ dà tiáo wén bì yú hái
就张开大嘴一口吞下。除了嘴大，条纹躄鱼还

yǒu yí gè kě yǐ péng zhàng de wèi yīn cǐ tǐ cháng zhǐ yǒu lí mǐ de
有一个可以膨胀的胃，因此体长只有16厘米的

tā men néng tūn xià bǐ zì shēn hái dà de liè wù bì yào shí tiáo wén
它们能吞下比自身还大的猎物。必要时，条纹

bì yú hái huì tōng guò gǔ zhàng shēn tǐ de fāng shì lái bǎo hù zì jǐ
躄鱼还会通过鼓胀身体的方式来保护自己。

yǎn jing fēn céng de sì yǎn yú
眼睛分层的四眼鱼

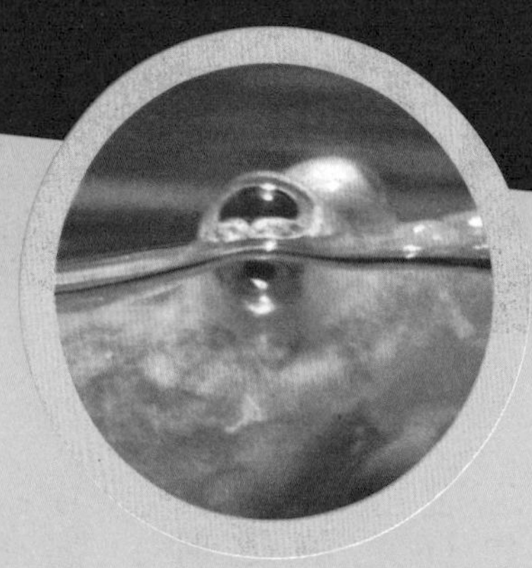

dà duō shù dòng wù zài xún zhǎo shí wù de tóng shí hái yào liú shén zì
大多数动物在寻找食物的同时还要留神自
jǐ huì bú huì biàn chéng pán zhōng cān wèi gèng hǎo de yìng duì dí
己会不会变成“盘中餐”。为更好地应对敌
shǒu sì yǎn yú zhǎng wò le bǎ yǎn jing fēn kāi shǐ yòng de běn lǐng
手，四眼鱼掌握了把眼睛分开使用的本领。

四眼鱼是硬骨鱼纲鳉形目四眼鱼科的物种，体长约20厘米，栖息于中南美洲的淡水，以及淡咸水交汇的水域，以水面的昆虫为食。

四眼鱼其实和大多数鱼一样，只有两只眼睛。所谓“四眼”，其实只是由于每只眼睛的正中都有一层横膈膜而给人造成的视觉假象。由于横膈膜把眼睛分成上、下两部分，四眼鱼可以一边用上半部分的眼睛搜寻猎物，一边用下半部分的眼睛观察天敌，不需要像其他鱼那样来回移动眼球，捕食效率大大提升。

没有胃的捕蚊高手——食蚊鱼

提到灭蚊高手，你首先会想到哪种动物？壁虎、蜻蜓、还是青蛙？其实鱼类中也有喜欢吃蚊子的，比如食蚊鱼。

食蚊鱼是硬骨鱼纲鳉形目胎鳉科食蚊鱼属的鱼，体长3～4厘米，适合在温暖的淡水环境中生存，湖泊、水库、沼泽、稻田、洼地、池塘等地方都有它们的身影。食蚊鱼原产于美国，如今已被引入到包括我国在内的世界许多地方，以蚊子的幼虫孑孓为主食，也吃其他小型水生无脊椎动物和藻类。

由于没有用来储存食物的胃，肠道又比较短，食蚊鱼新陈代谢的速度很快，需要大量进食来维持身体所需。通常情况下，它们一晚上就能吃掉 100 ~ 200 只孑孓，极限情况甚至能消灭大约 2000 只。

洄游的中华鲟

很多种类的鱼都有洄游的习惯。从目的上说，鱼类的洄游有3种形式，其中1种叫“生殖洄游”（另外两种是寻饵洄游和越冬洄游），也就是为了繁衍后代而进行的洄游，中华鲟的洄游形式就属于此类。

中华鲟是硬骨鱼纲鲟形目鲟科鲟属的鱼，

yōng yǒu fǎng chuí xíng shēn cái tǐ cháng mǐ cí xìng tǐ cháng
拥有纺锤形身材，体长 1.7 ~ 3 米，雌性体长
dà yú xióng xìng zài wǒ guó zhōng huá xún zhǔ yào shēng huó zài cháng jiāng
大于雄性。在我国，中华鲟主要生活在长江
hé jìn hǎi liú yù shǔ yú dǐ céng huí yóu huò bàn huí yóu xìng yú
和近海流域，属于底层、洄游或半洄游性鱼，
yǐ gè zhǒng xiǎo xíng de dǐ qī yú wéi shí
以各种小型的底栖鱼为食。

zhōng huá xún de shòu mìng hěn cháng kě dá nián tā men de
中华鲟的寿命很长，可达 40 年。它们的
qīng shào nián shí qī jī hū quán bù zài dà hǎi zhōng dù guò dàn chū shēng
青少年时期几乎全部在大海中度过，但出生
dì què shì jiāng hé xiàn cún de zhōng huá xún jī hū dōu shì zài wǒ guó
地却是江河。现存的中华鲟几乎都是在我国
de cháng jiāng chū shēng měi nián qiū tiān xìng chéng shú de zhōng huá xún dōu
的长江出生。每年秋天，性成熟的中华鲟都
huì chéng qún jié duì de cóng hǎi yáng huí yóu dào cháng jiāng shàng yóu de jīn
会成群结队地从海洋洄游到长江上游的金
shā jiāng chǎn luǎn xīn chū shēng de yòu yú huì zài chū shēng hòu de jǐ gè
沙江产卵。新出生的幼鱼会在出生后的几个
yuè dào yì nián nèi suí zhe shuǐ liú hé zì shēn huó dòng jiàn jiàn yóu xiàng
月到一年内，随着水流和自身活动，渐渐游向
cháng jiāng kǒu dà yuē zài dì èr nián dāng shēn tǐ fā yù dào yí dìng
长江口。大约在第二年，当身体发育到一定
chéng dù shí jìn rù hǎi yáng shēng huó dài yǒu fán zhí néng lì hòu dà
程度时进入海洋生活；待有繁殖能力后（大
yuē nián kāi shǐ měi nián xiàng fù mǔ yí yàng zài hǎi
约 8 ~ 14 年），开始每年像父母一样，在海、
hé jiān jìn xíng shēng zhí huí yóu
河间进行生殖洄游。

嘴巴像小勺的匙吻鲟

2022年被正式宣布灭绝的白鲟因为体大凶猛而有着“水中老虎”的绰号，它们在北美的小个子亲戚匙吻鲟却是个“温和派”。

匙吻鲟是硬骨鱼纲鲟形目的鱼，和白鲟同属匙吻鲟科，平均体长在1米左右，最大个体长约3.5米（雌性）。匙吻鲟栖息在美国密西西比河流域，以浮游生物为食。因嘴巴最前端又圆又宽，形状酷似餐匙（小勺）而得名。

除了正名，匙吻鲟还有个别名叫“长吻鲟”，毫无疑问也和它们的嘴巴有关。匙

wěn xún de shàng hé gǔ xiàng qián yán shēn cháng dù shì tǐ cháng de yí
吻鲟的上颌骨向前延伸，长度是体长的一

bàn shàng miàn bù mǎn le néng gǎn zhī yì cháng xìn xī de méi huā zhuàng
半，上面布满了能感知异常信息的梅花状

āo cáo ràng tā men néng suí shí gǎn zhī zhōu biān de qíng kuàng
凹槽，让它们能随时感知周边的情况。

牙齿像尖刺的高体金眼鲷

高体金眼鲷是硬骨鱼纲金眼鲷目金眼鲷科高体金眼鲷属的物种，在太平洋、大西洋、印度洋都有分布。它们主要在温带和热带海域，水深500～2000米的区域活动，幼年时期头上长有两个像角一样的凸起，成年后消失。

高体金眼鲷的嘴巴里共有14颗像尖刺一样的长牙，这也是它们被俗称为“尖牙鱼”的原因。按照身体比例来说，只有15厘米长的高体金眼鲷拥有鱼类中最大的牙齿。这些长牙甚至让它们无法闭上嘴巴，数量不一样的上牙和下牙（上颌6颗、下颌8颗），更是增添了恐怖色彩。

yóu yú yá chǐ tài guò xì cháng gāo tǐ jīn yǎn diāo wú fǎ jìn xíng jǔ
由于牙齿太过细长，高体金眼鲷无法进行咀
jué dàn hǎo zài zuǐ ba néng zhāng de hěn dà kě yǐ zhí jiē bǎ liè wù
嚼，但好在嘴巴能张得很大，可以直接把猎物
tūn rù fù zhōng
吞入腹中。

“自带发光开关”的灯眼鱼

通过按动开关，我们可以自主决定手电筒的使用时长。会发光的灯眼鱼同样拥有控制发光时长的本事。

灯眼鱼也叫闪光鱼，是硬骨鱼纲金眼鲷目灯眼鱼科鱼的统称，广泛分布于西印度洋地区。灯眼鱼喜欢在水深400米左右的区域活动，喜欢吃肉，以浮游动物为食。

灯眼鱼是典型的夜行性鱼类，白天在洞穴里休息，夜晚出来捕猎。灯眼鱼两只眼睛的下方各有一个月牙形的发光器，里面聚集的发光细菌可以散发出白色或青色的光，用来引诱猎物。

如同我们可以闭上眼睛一样，灯眼鱼在不需要发光时也会通过翻转关闭发光器。由于发光器距离眼睛太近，这个动作看起来就像在“眨眼睛”。

“女变男”的黄鳝

小丑鱼出生时是雄性，后来从雄性变成雌性；而我们熟悉的黄鳝性别的变化方向则与小丑鱼正相反，也就是生下来是雌性，后期转换成雄性。

黄鳝是合鳃鱼目合鳃鱼科黄鳝属的鱼，是生活在温暖水域的淡水鱼。黄鳝细长的身形和蛇有几分相似，以小鱼、虾蟹、蝌蚪、昆虫，甚至小型蛙类为食，进食的方式主要为啜吸（类似人品尝咖啡）。

和我们熟悉的草鱼、鲤鱼等鱼不同，黄鳝没有明显的鳃盖，左右鳃孔也在头部腹面（下巴）连接在一起。

和小丑鱼一样，黄鳝也拥有改变性别的“技能”。刚出生的黄鳝都是清一色的“小姑娘”，长大并且第一次产卵后就变成了“小伙子”。

用腹鳍搜寻猎物的皇带鱼

出于种种原因，一些鲜为人知的鱼和我们熟悉的鱼拥有相似的名字。比如，皇带鱼比我们熟知的带鱼多一个“皇”字。

皇带鱼是硬骨鱼纲月鱼目皇带鱼科皇带鱼属的鱼，体长为 3～10 厘米，分布于除南北两极外的世界各地海域，因体形酷似带鱼而得名。

皇带鱼拥有醒目的红色背鳍，从头顶一直覆盖到尾巴，头顶处还呈分叉状，高高耸立，看上去就像马的鬃毛，这是它们游泳时的驱动器。

皇带鱼另一个突出的地方是腹鳍。它

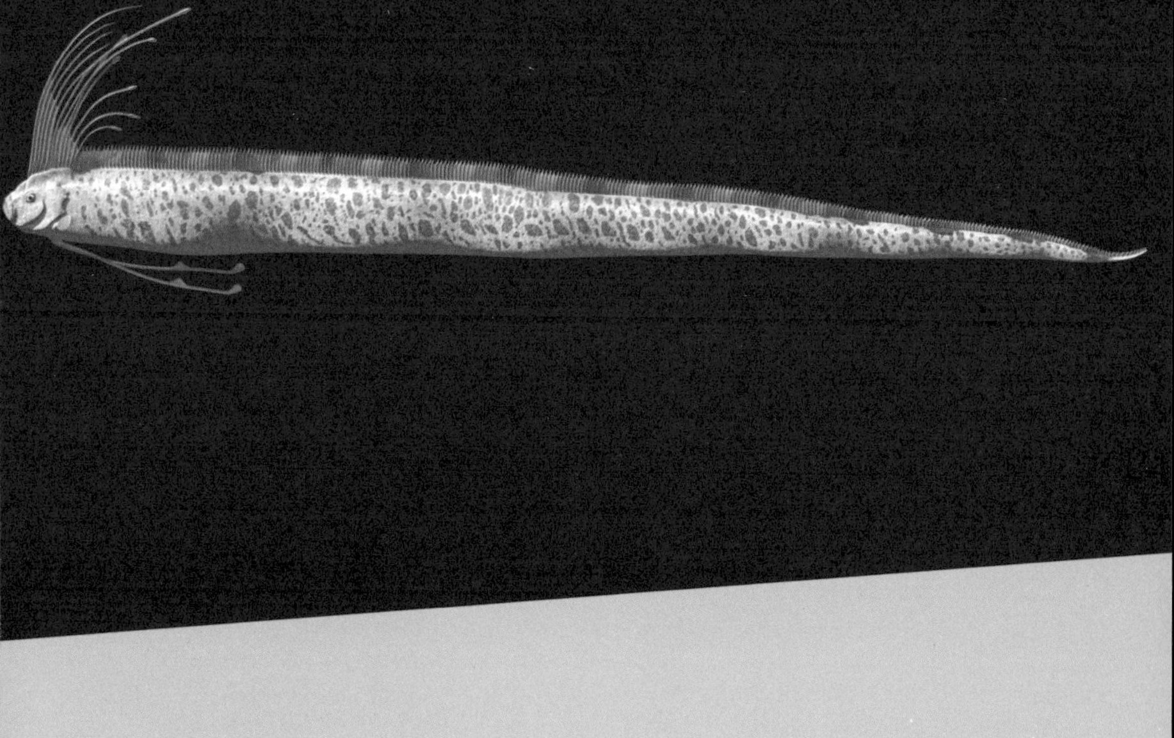

men de fù qí xiàng liǎng gēn cháng cháng de hóng xiàn qí mò duān jù
们的腹鳍像两根长长的红线，其末端具
yǒu néng gǎn zhī liè wù cún zài de chuán gǎn qì yóu yú méi yǒu yá
有能感知猎物存在的传感器。由于没有牙
chǐ huáng dài yú huì yǐ zhí jiē tūn yàn de fāng shì jìn shí shí wù
齿，皇带鱼会以直接吞咽的方式进食，食物
bāo kuò xiǎo xíng yú tóu zú lèi ruǎn tǐ dòng wù xiā xiè hé fú
包括小型鱼、头足类软体动物、虾蟹和浮
yóu shēng wù děng
游生物等。

背鳍多的多鳍鱼

大多数种类的鱼都只有一个背鳍，但多鳍鱼的背鳍却几乎遍布整个背部。

多鳍鱼出现于大约2亿年前，属于硬骨鱼纲中较为原始的软骨硬鳞鱼（身体的骨骼以软骨为主，表面覆盖着坚硬的鳞片）。

多鳍鱼成年后体长约70厘米，栖息于非洲的河流、湖泊等淡水环境中，是肉食性鱼，细小而锋利的牙齿是它们捕食的利器。长在背上的多达19个的背鳍是其得名的原因，背鳍的末端呈尖刺状，能起到防护作用；一对大而有力的胸鳍可以在水底支撑起身体。

从爸爸肚子里出来的海马

如果评选最奇特的鱼，海马绝对能榜上有名，它们不仅在形象上没个“鱼样”，连生育方式也不走寻常路。

海马是硬骨鱼纲海龙目海龙科海马属动物的统称，因拥有和马相似的长脸而得名。海马分布于全球热带和亚热带海域中，喜欢在海藻丛中生活。由于体形微小（最长不超过30厘米），为防止被水流冲走，它们总是用尾巴缠住海藻，身体也因此保持竖直的姿态。

和大多数动物由妈妈所生不同，小海马是从爸爸的身体里出来的。就像雌袋鼠

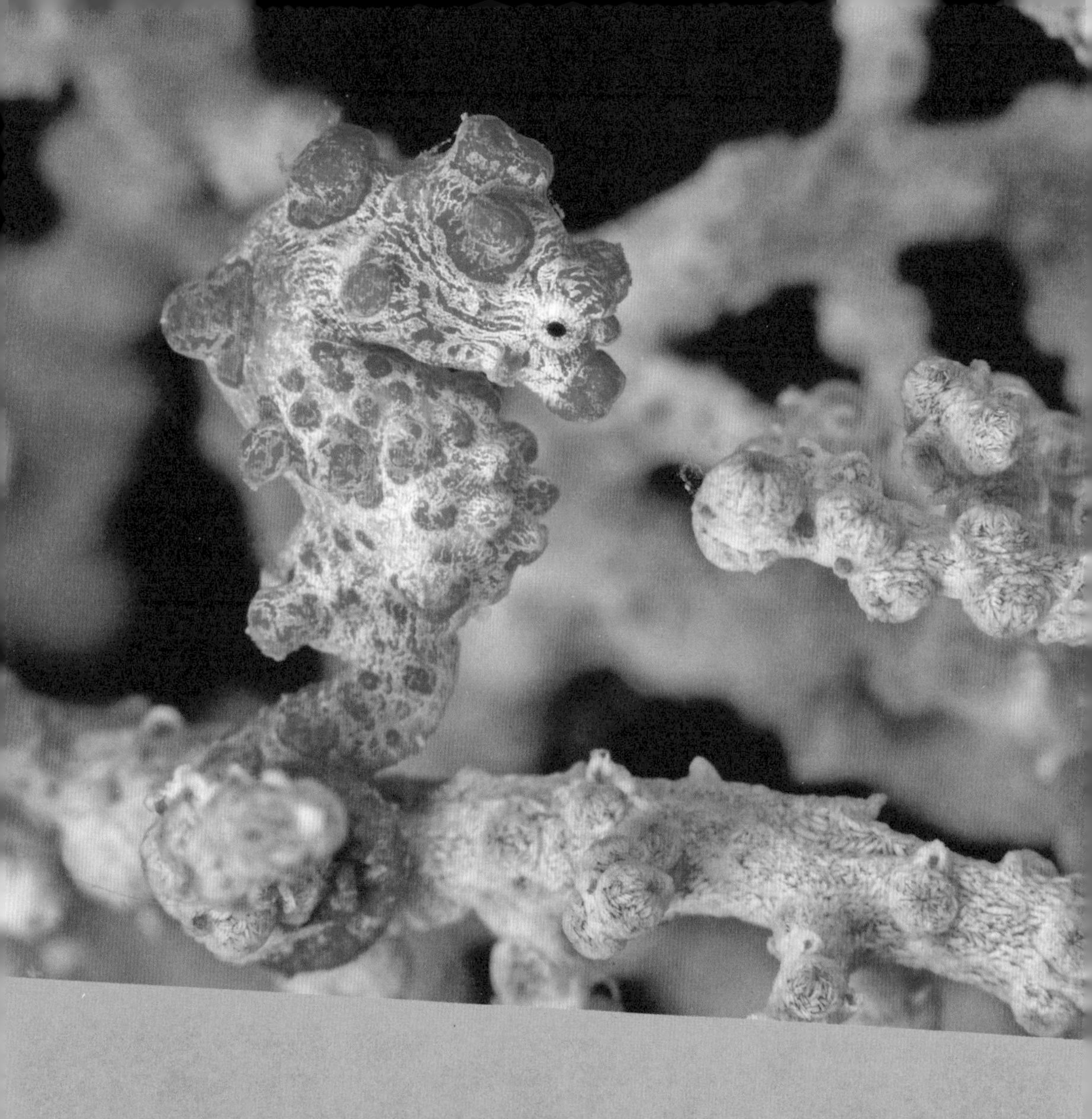

yí yàng　xióng hǎi mǎ de dù zi shàng yě yǒu gè yù ér dài　fù
一样，雄海马的肚子上也有个育儿袋——腹

náng　cí hǎi mǎ zài jiāo pèi shí jiāng luǎn zi chǎn zài xióng hǎi mǎ de yù
囊。雌海马在交配时将卵子产在雄海马的育

ér dài zhōng　jīng guò yí duàn shí jiān hòu fū huà chū xiǎo hǎi mǎ
儿袋中，经过一段时间后孵化出小海马。

没有晶状体的炉眼鱼

如果评比眼睛奇特的鱼，没有晶状体的炉眼鱼绝对算一位。

炉眼鱼是硬骨鱼纲仙女鱼目炉眼鱼科炉眼鱼属的物种，体长约13厘米，喜欢吃小虾和沙蚕（一种像蜈蚣的小型环节动物），栖息于水深1300～5000米的深海中，大西洋、太平洋、印度洋都有它们的身影。

幼年时的炉眼鱼在浅海附近生活，由于这里光照充足、能见度高，此时的它们拥有一对正常的眼睛；长大后的炉眼鱼则搬到深海定居，眼睛在这里用不上，其中的晶状体也就退化消失了，整个眼睛也变成黄

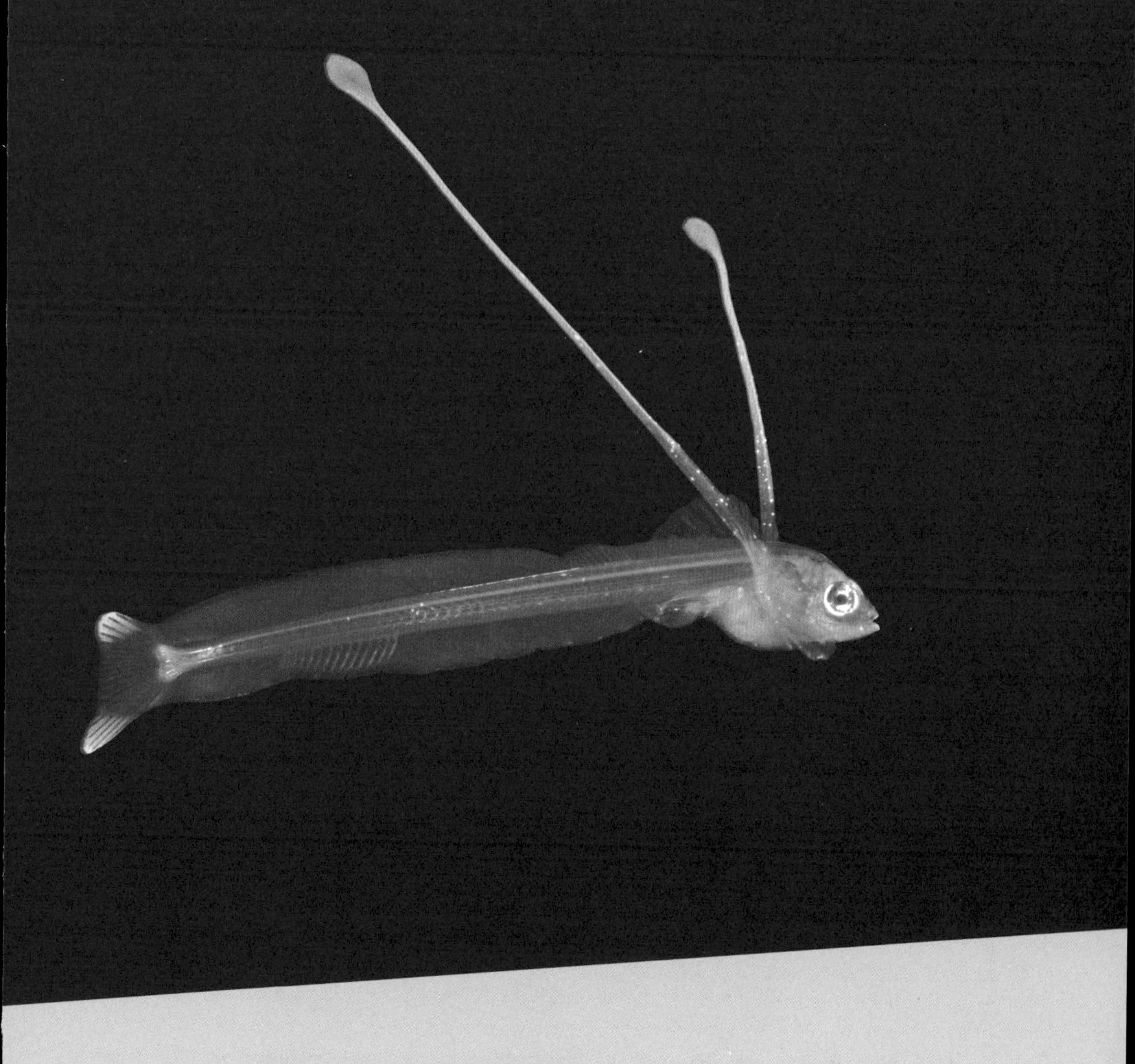

sè de bǎn kuài xíng tài kàn qǐ lái yǒu diǎnr xiàng mù tou bèi xiāo le
色的板块形态，看起来有点儿像木头被削了

yì céng suī rán kàn bú jiàn dàn lú yǎn yú de yǎn jing yī jiù bǎo
一层。虽然看不见，但炉眼鱼的眼睛依旧保

liú le wēi ruò de gǎn guāng gōng néng
留了微弱的感光功能。

“节约用电”的电鳗

在漫长的演化过程中，一些鱼拥有了放电的本领，这其中最强的要算电鳗了。

虽然名字里有个“鳗”字，但电鳗和鳗鱼没有任何关系，反倒是和鲶鱼拥有较近的亲缘关系，生物分类上属于电鳗目裸背电鳗科电鳗属。电鳗正常个体体长在1米以上，极限则能达到2.5米，是电鳗目大家族中体形最大的成员，主要分布于南美洲的亚马孙河流域，以小型鱼类为食。

电鳗体内拥有大量的放电细胞，这些放电细胞构成了至少4000块被称为“放电体”的肌肉，这些放电体一起发电时最大可产生800伏特电压。受具备绝缘功能的皮下脂肪保护，电鳗并不担心放电时会伤到自己。电鳗放电的目的是自卫或警告，但它们却不会轻易放电。这是因为放电本身是件非常消耗体力的事情，每次放电后都需要大量的时间来“充电”（通过进食补充能量），所以电鳗非常注意“节约用电”。

yǎn jing zhǎng zài tóng yí cè de bǐ mù yú
眼睛长在同一侧的比目鱼

dà duō shù zhǒng lèi de yú de yǎn jing dōu zhǎng zài tóu bù liǎng cè, bǐ mù yú de yǎn jing què zhǎng zài le tóng yí cè。

大多数种类的鱼的眼睛都长在头部两侧，比目鱼的眼睛却长在了同一侧。

bǐ mù yú shì yìng gǔ yú gāng dié xíng mù yú de tǒng chēng, yǐ

比目鱼是硬骨鱼纲鲽形目鱼的统称，已

知种类超过800个，在海洋和淡水环境中均有分布，大多数生活在近海区域。

幼年时期的比目鱼眼睛在头部左右各有一只，身体也比较圆，与大多数种类鱼的形象相似。但当快要成年时，比目鱼身体就会变成扁扁的形状，眼睛也会移动到脸部的一侧。不同种类的比目鱼眼睛的位置各不相同。数量最少的鳒亚目成员的眼睛全部在左侧；数量较多的鲽亚目和鳎亚目成员中，以“鲆”和“舌鳎”为名的眼睛长在左侧。

能制造溶解氧的鲻鱼

人在脏乱的环境中容易得病，鱼也如此。鲻鱼就非常依赖干净的水体环境。

鲻鱼是鲻形目鲻科鲻属的鱼，广泛分布

yú quán qiú de wēn dài hǎi yáng zhōng wǒ guó huáng hǎi bó hǎi
于全球的温带海洋中，我国黄海、渤海、
dōng hǎi nán hǎi hé tái wān hǎi xiá jūn yǒu fā xiàn tā men xǐ huan
东海、南海和台湾海峡均有发现。它们喜欢
zài kào jìn àn biān yǒu ní shā de shuǐ dǐ huó dòng yòu nián shí huì jìn
在靠近岸边有泥沙的水底活动，幼年时会进
rù hóng shù lín jí dàn shuǐ liú yù shēng huó
入红树林及淡水流域生活。

zī yú yǐ fú yóu shēng wù hé yǒu jī suì xiè wéi shí xìng gé
鲻鱼以浮游生物和有机碎屑为食，性格
fēi cháng huó pō xǐ huan zài shuǐ miàn shàng tiào lái tiào qù wú lùn
非常活泼，喜欢在水面上跳来跳去。无论
shì jìn shí hái shi huó dòng zī yú de xíng wéi dōu néng zhì zào chū
是进食还是活动，鲻鱼的行为都能制造出
hěn duō shuǐ pào zhè zài kè guān shàng zēng jiā le róng jiě yǎng
很多“水泡”，这在客观上增加了溶解氧
róng jiě zài shuǐ zhōng de fēn zǐ tài yǎng de hán liàng gǎi shàn
（溶解在水中的分子态氧）的含量，改善
le shuǐ tǐ huán jìng ràng tóng yí piàn shuǐ yù nèi de qí tā shēng wù
了水体环境，让同一片水域内的其他生物
yě néng gèng hǎo de shēng huó
也能更好地生活。

眼睛像望远镜的鞭尾鱼

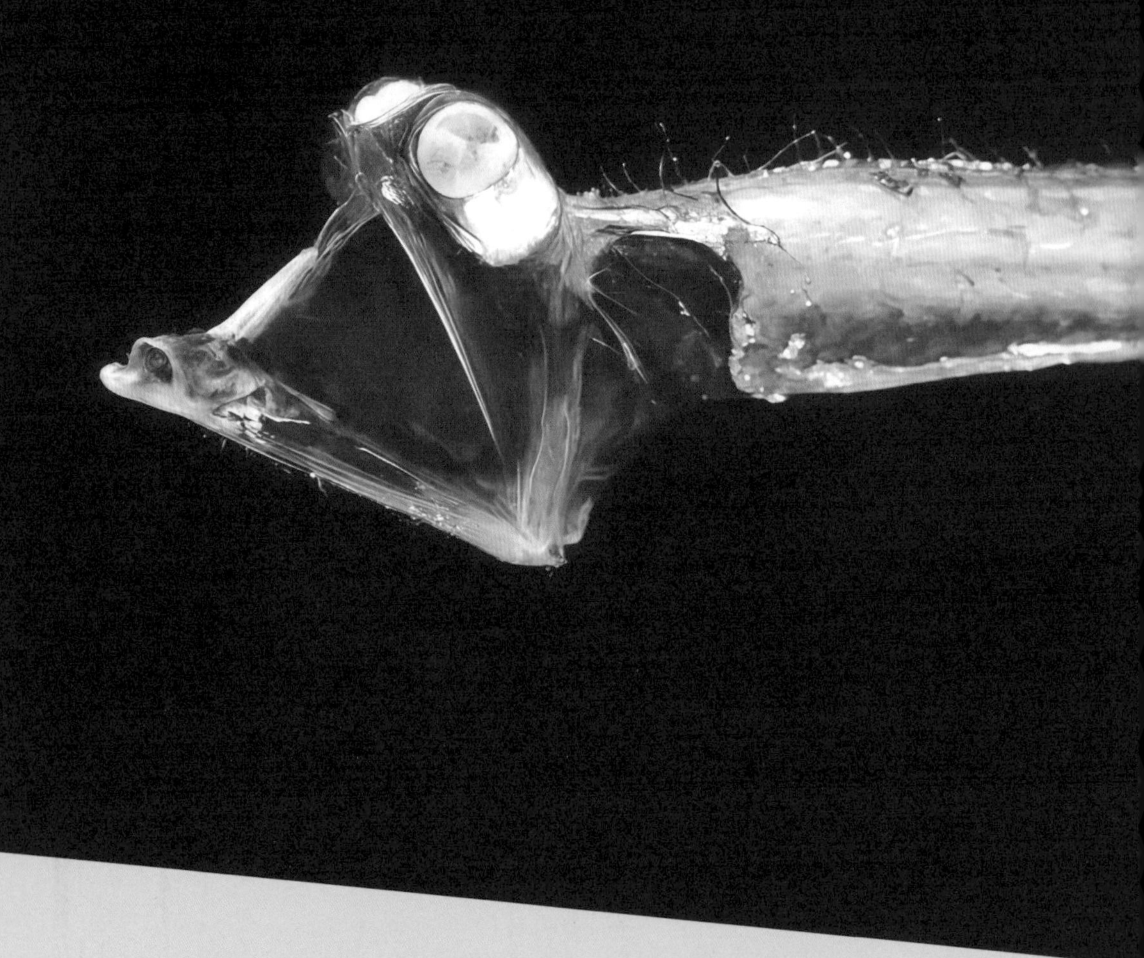

为了在黑暗中生存，深海鱼要么用其他感官功能代替眼睛的功能，要么演化出极其出色

的视力，鞭尾鱼就是后者。

鞭尾鱼是硬骨鱼纲月鱼目鞭尾鱼科的唯一物种，体长约28厘米，栖息于大西洋及太平洋东部的热带、亚热带海域，深度300～800米的区域是它们的活动范围。基因研究显示，现存鱼类中和鞭尾鱼关系最近的是鳕鱼。

鞭尾鱼身上有3个显著的特点：一个是令其得名的如鞭子一样细的尾巴；一个是长在左右背鳍上的两根比身体还长的触须；还有最重要的一个，要算它们那像望远镜一样的管状大眼睛，那是用来搜寻小型甲壳类动物和浮游生物的工具。

当发现猎物后，鞭尾鱼会迅速靠近，能够伸缩的嘴猛地向前伸出，把食物吸进去。

拥有鳄鱼嘴巴、鳝鱼身的鳄雀鳝

鳄鱼不是鱼，但有一种鱼嘴巴长得颇像鳄鱼嘴巴，它就是鳄雀鳝。

鳄雀鳝是硬骨鱼纲雀鳝目雀鳝科大雀鳝属的物种，野生种群栖息于美国和墨西哥的淡水环境中，体长可达3米，是北美洲特有的大型肉食性鱼。鳄雀鳝拥有一张像鳄鱼嘴巴一样的大长嘴，体形则酷似鳝鱼。

鳄雀鳝是较为古老的鱼，属于硬骨鱼中相对原始的全骨鱼。和大多数现存鱼类拥有圆形鳞片不同，它们的鳞片呈菱形，且尾巴

xiàng shàng qiào
向上翘。

píng jiè chāo qiáng de shì yìng néng lì hé yì zuǐ fēng lì de yá chǐ
凭借超强的适应能力和一嘴锋利的牙齿，
è què shàn zài hěn duō dì fang dōu chéng le rù qīn wù zhǒng bú guò tā
鳄雀鳝在很多地方都成了入侵物种。不过，它
men de shí wù hái shi yǐ yú wéi zhǔ duì rén de wēi xié bìng bú xiàng xiǎng
们的食物还是以鱼为主，对人的威胁并不像想
xiàng zhōng nà me dà zhè shì yīn wèi è què shàn quē fá jǔ jué néng lì
象中那么大。这是因为鳄雀鳝缺乏咀嚼能力，
chī dōng xi zhǔ yào cǎi yòng tūn yàn de bàn fǎ chéng nián rén de tǐ xíng duì
吃东西主要采用吞咽的办法，成年人的体形对
tā men lái shuō tài dà le wú fǎ tūn yàn
它们来说太大了，无法吞咽。

yú qí xiàng sān jiǎo jià de gòng shì suō zhū yú

鱼鳍像三脚架的贡氏蓑蛛鱼

wǒ guó mín jiān chuán tǒng zá jì zhōng yǒu gè xiàng mù jiào cǎi gāo qiāo biǎo yǎn zhě cǎi zài liǎng gēn xì cháng de mù gùn shàng jìn xíng biǎo yǎn yú lèi de gòng shì suō zhū yú tóng yàng yōng yǒu cǎi gāo qiāo de

我国民间传统杂技中有个项目叫“踩高跷”，表演者踩在两根细长的木棍上进行表演。鱼类的贡氏蓑蛛鱼同样拥有“踩高跷”的本事，只不过支撑点多了一个。

贡氏蓑蛛鱼是硬骨鱼纲灯笼鱼目蓑蛛鱼科蓑蛛鱼属的物种，成年后体长在20厘米左右，在印度洋、西太平洋以及我国的东海都有分布，以各种微小的鱼和甲壳类动物等生物为食。

为避免惊扰到猎物，贡氏蓑蛛鱼采取了“守株待兔”的捕猎方式。它们利用细长的腹鳍和尾鳍支撑身体，同时张开胸鳍，通过感知水流判断猎物的存在，等浮游生物靠近时进行捕捉。由于它们用两个腹鳍和一个尾鳍支撑身体的姿态和人们拍照用的三脚架很像，所以贡氏蓑蛛鱼的俗名就叫“三脚架鱼”。

脑袋透明的大鳍后肛鱼

nǎo dai tòu míng de dà qí hòu gāng yú

yǒu xiē shēn hǎi yú yīn wèi jí qí tè shū de shēn tǐ gòu zào ér chéng wéi rén men tǎo lùn de duì xiàng, dà qí hòu gāng yú jiù shì rú cǐ。

有些深海鱼因为极其特殊的身体构造而成为人们讨论的对象，大鳍后肛鱼就是如此。

大鳍后肛鱼俗称“管眼鱼”，是硬骨鱼纲水珍鱼目后肛鱼科的成员之一，栖息在北太平洋深度达800米的冰海中，肛门后面的腺体可以发光；以小型水母和甲壳类动物为食。

虽然名字里提到了鳍和肛门，但大鳍后肛鱼最特别的地方却是脑袋。它们的头部看上去就像罩了个圆形的“玻璃罩”。罩子里面充满了液体，两只朝上生长的绿色大圆眼睛，以及向前生长的鼻孔都被罩在其中。由于大鳍后肛鱼的捕猎对象不是拥有触手的水母，就是长有螯肢的虾蟹，头部的罩子可以有效避免它们被猎物弄伤。

喜欢倒立的条纹虾鱼

相比只是水平翻转身体的倒游鲶，条纹虾鱼的游泳姿势更是名副其实的“倒立”。

条纹虾鱼是硬骨鱼纲棘背鱼目玻甲鱼科虾鱼属的物种，体长约15厘米，分布于印度洋和西太平洋，主要在长有珊瑚礁的海底泥沙附近活动。条纹虾鱼以浮游生物为食，体表没有鳞片，取而代之的是类似虾壳的薄骨板。

为更好地获取食物以及降低被捕食的概率，条纹虾鱼掌握了头朝下垂直游泳的本领，这样不仅便于用管状的嘴巴吸食浮游生物，还能让自己看上去像立在水中的植物，从而迷惑捕食者。

如果伪装不起作用，条纹虾鱼就不得不“三十六计走为上”了，它们会以比平时快很多倍的速度游进珊瑚丛里藏起来。

喉咙能扩张的囊鳃鳗

动物的吞咽能力通常和喉咙的大小有关。为了捕捉到更大的猎物，囊鳃鳗长出了可以扩展的喉咙。

囊鳃鳗在分类上属于硬骨鱼纲囊鳃鳗目囊鳃鳗科囊鳃鳗属，是北大西洋的特有鱼，全长（从嘴巴到尾尖）平均1.5米。囊鳃鳗头部前端的一对小眼睛无法看清物体的形状，但雄鱼在求偶期眼睛会变大，以便于观察异性。

视力不佳，囊鳃鳗靠尾巴上的发光细胞发出的光亮来弥补，以吸引猎物。等到猎物

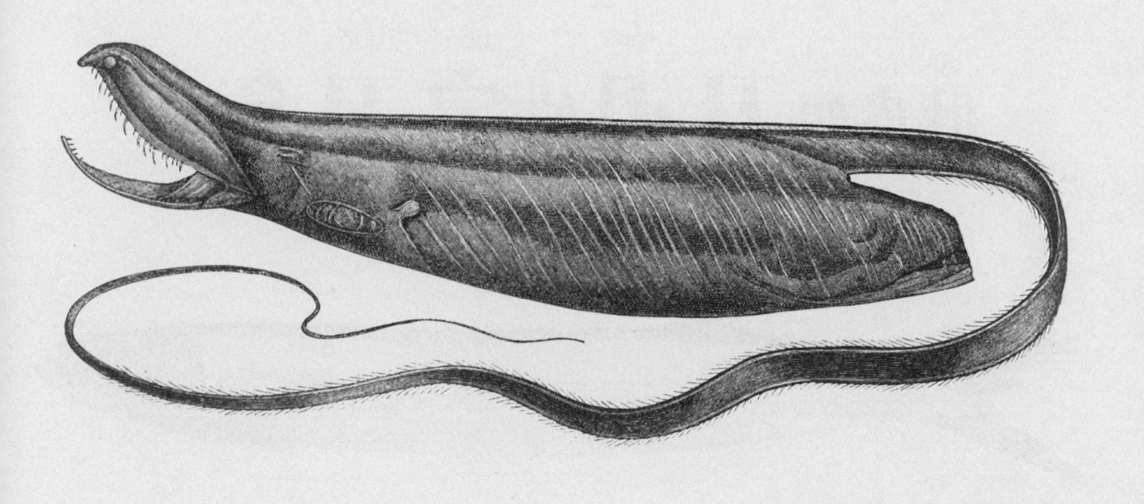

kào jìn tā men jiù huì zhāng dà zuǐ ba jiāng duì fāng xī jìn qù náng
靠近，它们就会张大嘴巴将对方吸进去。囊

sāi mán hóu lóng chù de pí fū yán zhǎn xìng liáng hǎo néng zì rú de kuò
鳃鳗喉咙处的皮肤延展性良好，能自如地扩

zhāng hé shōu suō suǒ yǐ tā men kě yǐ tūn xià hé zì shēn tǐ xíng chà
张和收缩，所以它们可以吞下和自身体形差

bu duō de liè wù
不多的猎物。

肚皮如刀刃的宝刀鱼

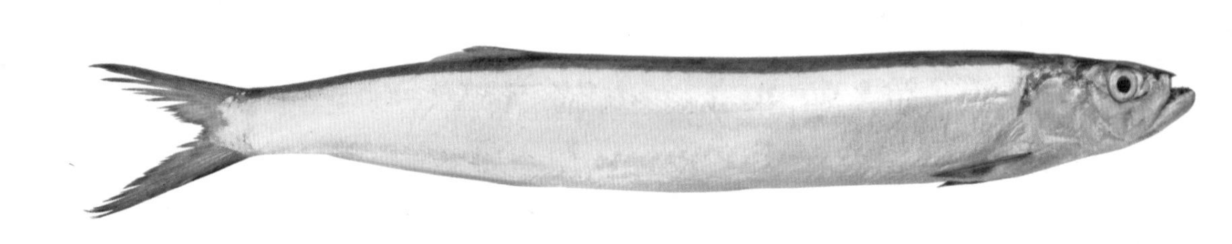

一些种类的鱼拥有非常霸气的名字，但体形却很小，宝刀鱼就是如此。

宝刀鱼是硬骨鱼纲鲱形目宝刀鱼科的物种，体长约36厘米，刀片形的身材以及薄如刀刃的肚皮是其得名的原因。宝刀鱼栖息于太平洋和印度洋的温暖海域，我国主要见于南海和广东沿海，布满珊瑚礁的浅海和大陆架区域是它们最喜欢的活动场所。

宝刀鱼还有个别名叫“狼鲱”，从这个名字不难看出，它们具有较为凶猛的性格。和大多数鲱鱼喜欢吃浮游生物不同，宝刀鱼上翘的嘴巴里长满了锋利的牙齿，能够撕咬其他种类鱼和头足类动物。

shēng wá shí zuǐ ba biàn cháng de
“生娃”时嘴巴变长的
dà lín guī yú
大鳞鲑鱼

zài tóng huà zhōng pǐ nuò cáo zhǐ yào shuō huǎng bí zi jiù huì biàn cháng
在童话中，匹诺曹只要说谎，鼻子就会变长；
zài xiàn shí zhōng dà lín guī yú zài chǎn luǎn shí zuǐ ba jiù huì biàn cháng
在现实中，大鳞鲑鱼在产卵时嘴巴就会变长。

dà lín guī yú shì yìng gǔ yú gāng guī xíng mù guī kē de yú yīn
大鳞鲑鱼是硬骨鱼纲鲑形目鲑科的鱼，因
lín piàn jiào dà ér dé míng chéng nián hòu tǐ cháng kě dá mǐ shì shì
鳞片较大而得名，成年后体长可达1.5米，是世
jiè shàng zuì dà de guī yú chú chū shēng hé fán zhí qī zài dàn shuǐ zhōng
界上最大的鲑鱼。除出生和繁殖期在淡水中
wài dà lín guī yú qí yú shí jiān dōu zài hǎi yáng lǐ dù guò yǐ xiǎo yú
外，大鳞鲑鱼其余时间都在海洋里度过，以小鱼
hé xiǎo xiā wéi shí
和小虾为食。

dà lín guī yú shì diǎn xíng de fán zhí huí yóu yú dào le fán zhí
大鳞鲑鱼是典型的繁殖洄游鱼。到了繁殖
qī dà lín guī yú měi nián dōu huì jí jié dà bù duì cóng jū zhù de hǎi
期，大鳞鲑鱼每年都会集结大部队，从居住的海
yáng chū fā qián wǎng chū shēng shí de jiāng hé zài nà lǐ jiāo pèi chǎn luǎn
洋出发前往出生时的江河，在那里交配产卵，

wán chéng fán yǎn rèn wu zài yì shēng zhōng wéi yī de shēng yù qī guī yú
完成繁衍任务。在一生中唯一的生育期（鲑鱼
chǎn luǎn hòu huì lì jí sǐ wáng cí yú de shàng xià hé huì biàn cháng wěn
产卵后会立即死亡），雌鱼的上下颌会变长，吻
bù zuì qián duān xiāng dāng yú bí tou hái huì biàn wān qū
部最前端（相当于鼻头）还会变弯曲。

会隐藏气味的喉肛鱼

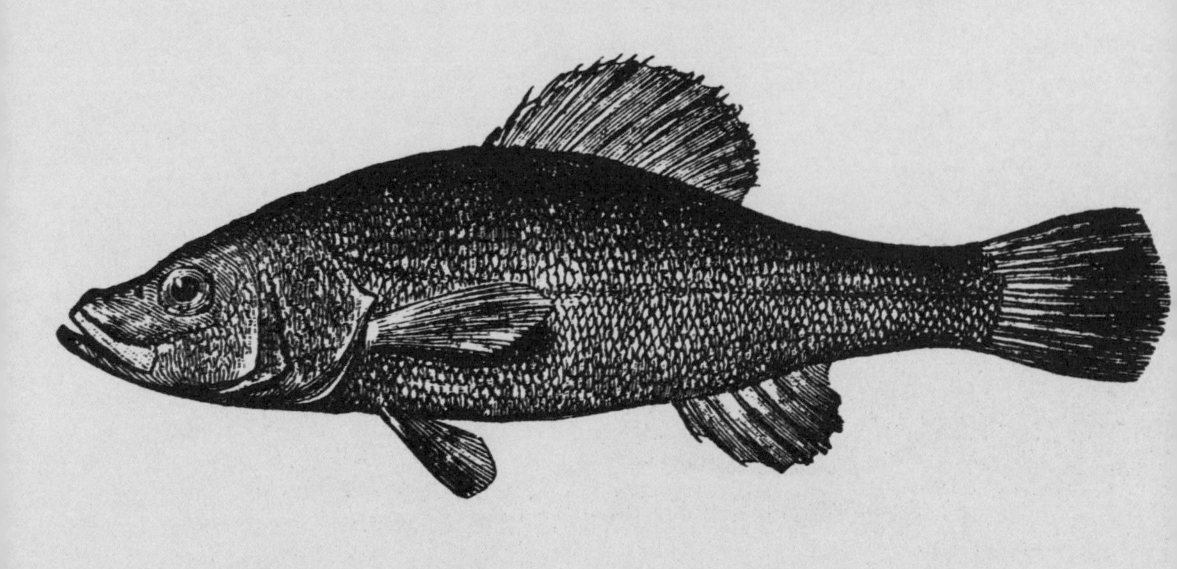

在我们通常的认知中，喉咙负责进食，肛门负责排遗（不是排泄），它们是绝对不可能相邻的两个器官。但有些鱼的肛门却偏偏长在了喉咙附近，这其中就包括以此得名的喉肛鱼。

喉肛鱼是硬骨鱼纲鲑鲈目奇肛鲈科唯一的成员，栖息于北美地区的淡水环境中。喉肛鱼小时候肛门位于臀鳍周围，随着生长而逐渐前移，等成年后就到了喉咙附近。

除了肛门位置很特别，喉肛鱼还有一个特殊的本领——能隐藏自己身体发出的气味。倚仗几乎不发出任何味道的身体，喉肛鱼可以轻易捕获那些嗅觉灵敏的小鱼，同时又能最大限度地降低自己被捕食的风险。

用肺呼吸的肺鱼

绝大多数种类的现代鱼都用鳃呼吸，但也有少部分种类用肺呼吸，肺鱼就属于后者。

肺鱼的含义为“有肺的鱼”，此类鱼世界上现存6种，非洲4种，美洲和大洋洲各1种，都是生活在淡水环境中的肉食性鱼。除澳洲肺鱼外，其余5种都属于双翼肺鱼目，它们普遍拥有类似鳗鱼的细长体形，体内有两个肺，能分泌黏液的皮肤让它们在离开水后也能保持身体湿润。

肺鱼和大多数种类鱼的另一个区别在鱼鳍上，除前背鳍外，它们身体上的其余7个鳍都是通过一个叫“鳍柄”的结构和躯干相连，鳍柄由骨骼和肌肉构成（因此属于肉鳍鱼），其中胸鳍和腹鳍的鳍柄能起到支撑身体的作用，让它们可以在陆地上活动。

bú shàng àn de fei yú ào zhōu fèi yú

不上岸的肺鱼——澳洲肺鱼

xiàn cún fèi yú zhōng chú zhǒng néng shàng àn de wài hái yǒu bù
现存肺鱼中除5种能上岸的外，还有不
néng shàng àn de ào zhōu fèi yú
能上岸的澳洲肺鱼。

hé lìng wài zhǒng fèi yú yí yàng ào zhōu fèi yú yě shǔ yú yìng
和另外5种肺鱼一样，澳洲肺鱼也属于硬
gǔ yú gāng de ròu qí yà gāng yě yǒu guān diǎn rèn wéi yīng gāi dú lì
骨鱼纲的肉鳍亚纲（也有观点认为应该独立

为肉鳍鱼纲），但却不属于双翼肺鱼目，而是角齿鱼目唯一幸存的成员。

连目都不同，澳洲肺鱼跟其他现存肺鱼的关系自然也很疏远，在身体和生活习性上也表现出诸多不同。澳洲肺鱼的体表长满了坚硬的鳞片，胸鳍和腹鳍比其余5种肺鱼更宽厚。由于长满鱼鳞的体表无法分泌黏液，澳洲肺鱼不能像其他肺鱼那样离开水生活，也就是不能上岸了。

重见天日的活化石——矛尾鱼

存活至今的肉鳍鱼除了江河里的肺鱼，还有海洋里的矛尾鱼。

矛尾鱼属于肉鳍鱼中的腔棘鱼目，因尾巴形状似矛而得名，现存有2种，分别是体色以黑色为主的西印度洋矛尾鱼和体色呈棕色或蓝色的印尼矛尾鱼。矛尾鱼拥有含有空腔的脊椎，体长约 1.8 米，在印度洋 200 ~ 400 米深的海域活动，捕食鱼虾和头足类动物。

矛尾鱼所在的腔棘鱼家族，最早出现在 4 亿多年前。生物学家原本认为它们已经在大约 6600 万年前，在小行星撞击地球时跟随非鸟恐龙一起灭绝了。直到 1938 年，有渔民在南非东部海域意外捕获一条长相奇特的怪鱼。这条怪鱼先是由当地博物馆的研究员拉蒂迈女士进行了测量和描述，接着又被送到英国生物学家史密斯教授手中。史密斯在经过系统研究后，确认这是被认为早已灭绝的史前鱼。人们为感谢拉蒂迈所做的工作，将其学名定为“拉蒂迈鱼”。

矛尾鱼的胸鳍和腹鳍骨骼结构与我们人类的四肢类似，矛尾鱼和肺鱼都是陆生脊椎动物祖先的亲戚。

嘴巴能伸缩的欧氏尖吻鲛

在深海中捕猎，嗅觉无疑非常重要。为了更好地嗅到猎物的气味，欧氏尖吻鲛就长出了一个与匹诺曹类似的长鼻子的吻。

欧氏尖吻鲛也叫“剑吻鲨”或“哥布林鲨”，属于软骨鱼纲鼠鲨目剑吻鲨科剑吻鲨属，成年个体平均长将近4米；分布于太平洋及印度洋的温暖海域中，1000米水深的区域是它们的主要活动范围。

欧氏尖吻鲛的长鼻子其实是吻部（头部最前端到眼睛前缘）的延长部分，上面布满了被称为“洛仑兹壶腹”开口的小孔，能够感知到极其微小的生物电流和水压改变，从而发现猎物的

位置。当欧氏尖吻鲛靠近鱼和甲壳类动物时，原本被长鼻子覆盖住的嘴巴就会快速伸展，增大控制范围。此时，它们就会用满口如针一样的尖锐牙齿快速咬住猎物，完成捕猎。

令人恐惧的大白鲨

说到最凶猛的海洋生物，想必很多人会选大白鲨，斯皮尔伯格的经典电影让很多人记住了这个强悍的“猎食机器”。

大白鲨是软骨鱼纲鼠鲨目鼠鲨科的鱼，主要栖息于温带海洋中。相比于俗名，它们的中文正名更透着一丝恐怖——“噬人鲨”。“噬”字的意思是咬，噬人鲨也就是咬人的鲨鱼，而它们每年大约300次攻击人类的纪录，也的确是整个鲨鱼家族里最高的，可谓名副其实。

虽然袭人纪录不低（大多数是误伤），但大白鲨的主要口粮还是各种海洋哺乳动物和

鱼。成年后的大白鲨（雌性）可达6.4米，大嘴中长满了末端尖锐无比、两侧还长有锯齿的三角形粗大牙齿，能够瞬间穿透海狮、海豹等哺乳动物的皮毛和脂肪。

和其他鲨鱼一样，大白鲨的牙齿也分成几排。当最外侧也就是第一排的牙齿出现损毁后，后面的牙齿就会替补上来，因此，大白鲨一生都有一副好牙口。

游得最快的鲨鱼——尖吻鲭鲨

著名小说海明威的《老人与海》中，描述了一条试图和渔民抢鱼的鲨鱼，它的原型就是尖吻鲭鲨。

尖吻鲭鲨属于软骨鱼纲鼠鲨目鼠鲨科，是大白鲨的同科亲戚，最大体长可达4.45米（雌性），全球热带和温带的开阔海域都有它们的身影。尖吻鲭鲨大多数时间在海洋的中上层活动，以中小型鱼类，鱿鱼、乌贼等头足类生物为主食，偶尔也捕杀其他鲨鱼或小型鲸类。

尖吻鲭鲨喜欢在开阔区域活动的主要原因是它们拥有极快的速度。一旦锁定猎物，尖吻鲭鲨就会以每小时70千米的速度展开冲刺，是速度最快的鲨鱼。

用尾巴捕猎的长尾鲨

除了牙齿，鲨鱼是否还有其他的捕猎武器呢？长尾鲨给出的答案是“有，那就是它们的尾巴”。

长尾鲨是鼠鲨目的成员，属于其中的长尾鲨科长尾鲨属，共有3种，最大的体长接近4.3米，在热带、亚热带、温带海域都有分布，除浅海长尾鲨喜欢在近海开阔区域活动外，其余两种都喜欢在深水区活动。长尾鲨以鱼类为主食，也吃头足类软体动物。

长尾鲨是高效的猎手，即便猎物位于身体两侧，牙齿咬不到时，它们也可以对猎物进行击杀，靠的就是让它们得名的强有力的长尾。在捕猎时，长尾鲨会朝着猎物所在方位用力摆动尾巴，其抽打所产生的拍击力量足以让猎物受伤甚至死亡。

能吞咽空气的沙虎鲨

少数种类的鱼可以呼吸水面上的空气，沙虎鲨就是它们中的一员。

沙虎鲨的中文正名叫“后鳍锥齿鲨”，是软骨鱼纲鼠鲨目锥齿鲨科的成员，成年后体长为3～5米，雌性体长大于雄性。沙虎鲨广泛分布于除东太平洋外的温带海域的浅海海底，我国的东海、南海、台湾海峡都有

tā men de zōng jì tā men zhuī zi yí yàng fēng lì de yá chǐ shì
它们的踪迹。它们锥子一样锋利的牙齿，是
bǔ shā yú lèi hé tóu zú lèi dòng wù de gōng jù
捕杀鱼类和头足类动物的工具。

shā hǔ shā de huó dòng fàn wéi hěn dà chú xiū xi shí suǒ dāi
沙虎鲨的活动范围很大，除休息时所待
de shuǐ dǐ wài yě chū xiàn zài zhōng céng hé shàng céng hǎi shuǐ zhōng
的水底外，也出现在中层和上层海水中。
chú le chuí zhí fāng xiàng de yí dòng shā hǔ shā hái huì zài bù tóng jì
除了垂直方向的移动，沙虎鲨还会在不同季
jié jìn xíng qiān xǐ tā men chū sè de huó dòng néng lì lí bù kāi liáng
节进行迁徙，它们出色的活动能力离不开良
hǎo de hū xī xì tǒng shā hǔ shā chú cóng shuǐ zhōng huò qǔ yǎng qì
好的呼吸系统。沙虎鲨除从水中获取氧气
wài hái néng bǎ tóu tái chū shuǐ miàn zhí jiē hū xī kōng qì bìng bǎ xī
外，还能把头抬出水面直接呼吸空气并把吸
rù de kōng qì chǔ cún zài wèi lǐ zhè ràng tā men kě yǐ zài shuǐ
入的空气储存在胃里，这让它们可以在水
zhōng xuán fú
中悬浮。

嘴大牙小的巨口鲨

科幻电影《巨齿鲨》让许多人认识了凶猛的史前巨鲨。相比而言，和巨齿鲨名字只一字之差的巨口鲨就要低调多了。

巨口鲨也属于大白鲨所在的鼠鲨目，是巨口鲨科巨口鲨属的唯一成员。虽然它们遍布世界各地温暖海域，但巨口鲨的数量却非常稀少，全球目前只发现了不到100只。

巨口鲨体长5.5米，但让它们得名的大嘴中却全都是只有几毫米的牙齿，这让它们只能以磷虾、水母等浮游生物为主食。捕捉这些小生物时，巨口鲨会施展它们的绝技——发

光。巨口鲨的嘴巴四周拥有大量的发光腺体，所发出的荧光能让趋光的猎物主动送上门来。

xǐ huan zhāng zhe dà zuǐ de mǔ shā

喜欢张着大嘴的姥鲨

xìng gé wēn hé de dà zuǐ shā yú chú le jīng shā hé jù kǒu shā
性格温和的大嘴鲨鱼除了鲸鲨和巨口鲨，

lìng yí gè yào suàn shì mǔ shā le
另一个要算是姥鲨了。

姥鲨属于软骨鱼纲鼠鲨目姥鲨科姥鲨属，是该科的唯一成员，其踪迹遍布世界各地海域的中上层，成年后体长为10～12米，是仅次于鲸鲨的第二大鲨鱼。

体形大，食量自然也大，姥鲨的口中只有很小的钩状齿，无法捕杀大型鱼，只能把浮游生物当主食。浮游生物数量众多，姥鲨也不用刻意去捕猎，只需一边缓慢游动，一边把像口袋一样的大嘴张开就够了。除了吃饭，姥鲨平时也喜欢张着大嘴慢慢游。

有吃素习惯的窄头双髻鲨

窄头双髻鲨是软骨鱼纲真鲨目双髻鲨科双髻鲨属的鲨鱼，体长约1米，主要栖息于美洲地区的热带海域。双髻鲨科的鲨鱼因头部两侧的凸起看上去像我国古代女子扎的发髻而得名。相比于其他种类的鲨鱼，窄头双髻鲨头部前端像锤头的部分横向长度很短，这是其名字中有“窄头”的原因。

窄头双髻鲨喜欢在海草丛生的地方活动，其主要目的是觅食。和大多数鲨鱼只爱吃动物不同，窄头双髻鲨更爱吃植物，

hǎi cǎo zài tā men de shí wù zhōng zhàn jù le zhì shǎo yí bàn de bǐ lì
海草在它们的食物中占据了至少一半的比例。

zhè diǎn dé yì yú tā men yōng yǒu yì kē shàn yú xiāo huà zhí wù xiān wéi de wèi
这点得益于它们拥有一颗善于消化植物纤维的胃。

被称为“鲨中之虎”的居氏鼬鲨

名字带有“虎”字的鲨鱼很多，除了虎鲨和沙虎鲨，居氏鼬鲨的英文名直译过来也叫“虎鲨”。

居氏鼬鲨来自拥有900多个物种的真鲨目，却是鼬鲨科鼬鲨属的唯一成员，热带及亚热带的近海区域是它们的主要栖息场所。居氏鼬鲨喜欢在深度800米以上的水域活动，偶尔会潜入1000米以下的地方。目前已知的居氏鼬鲨最大个体长有5.5米，身体两侧像老虎身上的条纹一样的纹路让它们在英语中被称为Tiger shark（直译为“虎鲨”）。

居氏鼬鲨是和大白鲨一样凶狠的捕食者，虽然牙齿的锋利程度不如后者，但居氏鼬鲨的咬合力却非常了得，能轻易咬碎海龟的壳。拥有好牙口，居氏鼬鲨对食物自然是来者不拒。除了海龟，其他鱼和头足类生物也是它们的家常便饭，中小型的海洋哺乳动物和海鸟也不时成为它们的“口中餐”。

néng zài dàn shuǐ hé xián shuǐ jiān lái qù zì rú de gōng niú shā

能在淡水和咸水间来去自如的公牛鲨

jué dà duō shù shā yú dōu shì bù zhé bú kòu de hǎi yáng dòng wù, dàn yǒu shǎo bù fen zhǒng lèi què kě yǐ jìn rù dàn shuǐ shuǐ yù, zhè qí zhōng zuì chū míng de yào shǔ gōng niú shā le

绝大多数鲨鱼都是不折不扣的海洋动物，但有少部分种类却可以进入淡水水域，这其中最出名的要数公牛鲨了。

公牛鲨也叫“白真鲨”或“低鳍真鲨”，是软骨鱼纲真鲨目真鲨科真鲨属的鱼类之一，成年后体长4米以上，广泛分布于全球热带及亚热带地区水域，拥有极强的适应能力，除近海外，江河、湖泊等淡水环境也是它们经常光顾的区域。

能在淡、咸水中自由切换，来去自如，公牛鲨凭借的是其体内能调节渗透压力的直肠腺。除了拥有特殊功能的直肠腺，公牛鲨体内的睾酮指数也明显高于其他鲨鱼。较高的雄性激素让它们的脾气异常火爆，敢于对不好惹的河马和鳄鱼发动攻击。公牛鲨、大白鲨和居氏鼬鲨并称为“最危险的3种鲨鱼”。

假胎生鲨鱼——灰星鲨

jiǎ tāi shēng shā yú huī xīng shā

shā yú de shēng zhí fāng shì yǒu xiē shén qí dà bù fen shā yú dōu shì tāi shēng de yǒu yì xiē shì chǎn luǎn luǎn shēng de dàn shā yú jiā zú lǐ hái yǒu bù shǎo jiǎ tāi shēng de huī xīng shā jiù shǔ yú hòu zhě

鲨鱼的生殖方式有些神奇，大部分鲨鱼都是胎生的，有一些是产卵（卵生）的，但鲨鱼家族里还有不少假胎生的，灰星鲨就属于后者。

灰星鲨是真鲨目皱唇鲨科星鲨属的物种之一，因背部及身体两侧呈灰色而得名。灰星鲨体长约1米，喜欢在温暖的近海海底活动，靠捕食小鱼和头足类生物为生，世界范围内见于北太平洋西部，在我国，东海、渤海、黄海和台湾海峡都有灰星鲨的身影。

和直接生小鲨鱼的大白鲨不同，雌性灰星鲨的卵通过脐带和身体相连，胎儿所需的营养不靠卵黄供给，而是直接取自母体。这种获取营养的方式有点儿类似哺乳动物，因此被称为“假胎生”。

zuì dà de yú jīng shā
最大的鱼——鲸鲨

tǐ xíng zuì dà de bǔ rǔ dòng wù lán jīng shì gè zhǐ chī fú yóu
体形最大的哺乳动物蓝鲸是个只吃浮游
shēng wù de wēn hé jù shòu zài yú lèi zhōng tǐ xíng zuì dà
生物的“温和巨兽”，在鱼类中，体形最大
de jīng shā tóng yàng rú cǐ
的鲸鲨同样如此。

鲸鲨是软骨鱼纲须鲨目鲸鲨科鲸鲨属的唯一物种，体长为18～20米，是世界上最大的鱼，广泛分布于热带和暖温带海域，喜欢在中上层水域活动，偶尔会潜入1000米以下的深海。

鲸鲨脑袋很大，嘴巴宽度超过1米，但里面的牙齿却小得可怜，根本无法切割肉食，只能像蓝鲸等须鲸一样以小鱼、小虾和浮游生物为食。饥饿的时候，鲸鲨会张开大嘴，将食物和海水一同吞下，随后留下食物，把海水从鳃裂处排出，这种进食方法叫“滤食”。

不好动的护士鲨

包括大名鼎鼎的大白鲨在内的一些鲨鱼，必须终生游动才能确保呼吸顺畅，但护士鲨却可以悠闲地趴在海底。

护士鲨学名“铰口鲨”，是须鲨目铰口鲨科铰口鲨属的物种，“护士鲨”这个俗名来自其酷似护士帽的头部，由于体色暗淡也被叫作“灰护士鲨”。护士鲨体长约3米，主要分布于大西洋的热带和亚热带海域。

护士鲨喜欢趴在浅海区有暗礁和岩石的海底。由于不好动，它们用不着像大白鲨那样为了快速获取氧气而主动撞击海水（撞击呼吸），只需要张嘴让海水流入，再从鳃裂把海

shuǐ pái chū qù zhè zhǒng fāng shì bèi chēng wéi kǒu qiāng chōu xī
水排出去（这种方式被称为“口腔抽吸”）。

bì yào shí hù shi shā yě huì yòng yǎn jing hòu fāng de guǎn zhuàng hū xī
必要时，护士鲨也会用眼睛后方的管状呼吸

kǒng jìn xíng fǔ zhù hū xī
孔进行辅助呼吸。

鲨族“小魔王”——达摩鲨

鲨鱼家族里有温顺的大块头，也有凶悍的小个子，达摩鲨就属于后者。

达摩鲨是软骨鱼纲角鲨目黑棘鲛科达摩鲨属的物种，目前共发现2种，都是体长不超过半米的小型鲨鱼；热带、亚热带及温带海洋都有分布，主要在深海活动，偶尔来到海面附近。达摩鲨头顶上长有由鳃孔退化而形成的喷水孔。

虽然体长不足半米，但达摩鲨却是众多大型海洋生物的噩梦，因为它们拥有可怕的牙齿。达摩鲨的牙齿上小下大，但都异常尖锐锋利，一口咬下去就能在猎物身上留很深的洞。

píng jiè gè tóur xiǎo dài lái de líng huó yōu shì dá mó shā huì fǎn fù
凭借个头儿小带来的灵活优势，达摩鲨会反复
duì dà xíng dòng wù zhǎn kāi tōu xí ér duì fāng de fǎn jī què wǎng wǎng rú
对大型动物展开偷袭，而对方的反击却往往如
gāo shè pào dǎ wén zi bān léi shēng dà yǔ diǎn xiǎo suī rán zhè zhǒng
“高射炮打蚊子”般雷声大雨点小。虽然这种
gōng jī bìng bú huì zhí jiē dǎo zhì duì fāng sǐ wáng dàn dà liàng shī xuè hé
攻击并不会直接导致对方死亡，但大量失血和
shāng kǒu gǎn rǎn de hòu guǒ què xiǎn ér yì jiàn jiù lián néng qīng sōng dǎ bài
伤口感染的后果却显而易见，就连能轻松打败
dà bái shā de hǔ jīng duì yú dá mó shā yě zhǐ néng shì jìng ér yuǎn zhī
大白鲨的虎鲸对于达摩鲨也只能是“敬而远之”。

chú le chī ròu dá mó shā hái huì tūn shí zì jǐ tuō luò de yá
除了吃肉，达摩鲨还会吞食自己脱落的牙
chǐ yǐ cǐ lái bǔ chōng gài zhì
齿，以此来补充钙质。

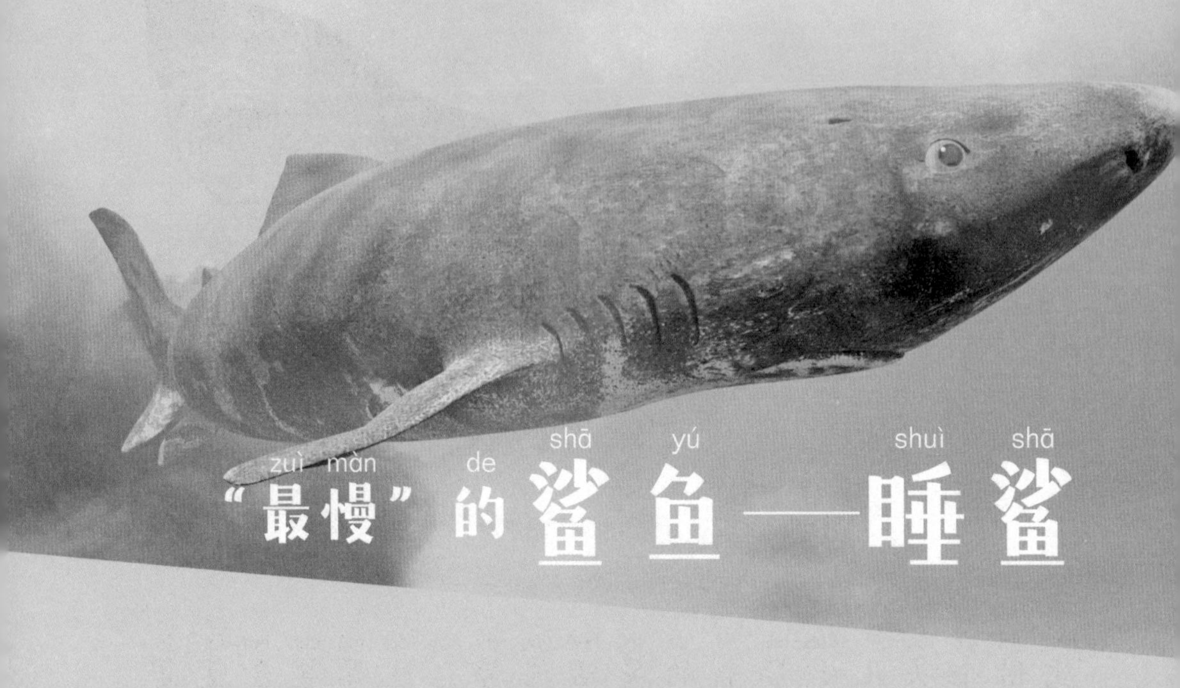

“最慢”的鲨鱼——睡鲨

很多人喜欢用“龟速”来形容事情进展缓慢。自然界中，比乌龟移动速度慢的动物其实有很多，睡鲨就是其一。

睡鲨是软骨鱼纲角鲨目睡鲨科睡鲨属物种的统称，目前共发现6种，南北两极和太平洋、大西洋、印度洋的冰海海域是它们的地盘。睡鲨不同种类间的体形差距很大，最小的不到1.5米，最大的则有将近8米。

生活在极寒海域，减少能量消耗、保持体温最好的方法就是降低活动速度，睡鲨也的确是这么做的。它们的游泳速度和婴儿爬行的速度差不多。除了减少消耗，及时补充热量也是抗寒的法宝。睡鲨是杂食性动物，科学家曾在它们的胃中发现过海豹、北极熊和驯鹿的尸骸，猜测是食腐的结果。

慢节奏的生活带来的另一个好处就是长寿。以小头睡鲨为例，生活在北极冰海深处的它们由于新陈代谢缓慢，寿命可以达到300多岁，是最长寿的脊椎动物之一。

喜欢夜晚捕猎的灰三齿鲨

灰三齿鲨是真鲨目的成员，属于真鲨科三齿鲨属。灰三齿鲨分布于印度洋和太平洋海域，平均体长约1.5米。它们名字中的“三齿”并不是指它们只有3颗牙齿，而是每颗牙齿末端分别有1大、2小的3个齿尖。这些尖

锐的牙齿表明它们是吃肉的。

为了让猎物放松警惕，灰三齿鲨白天会安静地待在珊瑚礁洞穴周围，任凭其他海洋动物在其周边活动，甚至触碰它们的身体。这样一来，小鱼和虾蟹就会认为这个区域没有危险，从而在这个区域定居下来。到了夜晚，灰三齿鲨就会集体出动，利用嗅觉、侧线以及鲨鱼家族特有的罗伦氏壶腹（开口在嘴巴周边，用来感知电磁波，起到定位的作用）在周围展开疯狂的搜捕，将藏匿于岩石缝隙中的猎物尽数吞入腹中。

yōng yǒu dú cì de hǔ shā

拥有毒刺的虎鲨

yì xiē xiōng měng de shā yú bèi guàn yǐ hǔ de bié míng bú guò zhōng wén zhèng míng jiào hǔ shā de shā yú què shì yì qún xiǎo gè zi

一些凶猛的鲨鱼被冠以“虎”的别名。不过，中文正名叫“虎鲨”的鲨鱼，却是一群小个子。

hǔ shā shì ruǎn gǔ yú gāng hǔ shā mù chéng yuán de tǒng chēng
虎鲨是软骨鱼纲虎鲨目成员的统称，
gòng yǒu zhǒng tǐ cháng jūn bù chāo guò mǐ fēn bù yú yìn
共有9种，体长均不超过1.7米，分布于印
dù yáng hé tài píng yáng de rè dài hǎi yù xǐ huan zài qiǎn hǎi de
度洋和太平洋的热带海域，喜欢在浅海的
hǎi dǐ ní shā fù jìn huó dòng hǔ shā yǐ xiā xiè hé ruǎn tǐ dòng
海底泥沙附近活动。虎鲨以虾蟹和软体动
wù wéi shí huáng pí fū jiā hēi wén lù de tǐ sè pèi zhì shì tā men
物为食，黄皮肤加黑纹路的体色配置是它们
dé míng de yuán yīn
得名的原因。

hǔ shā yōng yǒu liǎng tào bù tóng de yá chǐ bǔ liè shí xiān
虎鲨拥有两套不同的牙齿，捕猎时先
yòng zuǐ ba qián duān de xiǎo jiān yá shā sǐ liè wù zài sòng dào zuǐ
用嘴巴前端的小尖牙杀死猎物，再送到嘴
lǐ hòu cè jiào dà jiào biǎn píng de yá chǐ niǎn suì
里后侧较大、较扁平的牙齿碾碎。

zài miàn duì lái fàn zhī dí shí hǔ shā de zì wèi wǔ qì shì
在面对来犯之敌时，虎鲨的自卫武器是
bèi qí shàng de jiān yìng jí cì jí cì hé shēn tǐ de dú xiàn xiāng
背鳍上的坚硬棘刺。棘刺和身体的毒腺相
lián cì zhòng hòu suǒ shì fàng de dú sù huì ràng dà duō shù gōng jī
连，刺中后所释放的毒素会让大多数攻击
zhě téng tòng nán rěn
者疼痛难忍。

牙齿分叉的皱鳃鲨

如今所说的“鲨鱼”，可泛指软骨鱼纲鲨形总目的500多种鱼。它们被分成8个目，其中六鳃鲨目出现得最早，皱鳃鲨就属于此目。

皱鳃鲨是六鳃鲨目皱鳃鲨科皱鳃鲨属的物种，平均体长1.5米，在太平洋、大西洋、印度洋都有分布，其垂直活动范围在水深300米到1300米水域，以包括鲨鱼在内的其他鱼和头足类生物为食。

既然来自最古老的家族，皱鳃鲨自然有很多原始的特征，比如像蛇一样细长的身材和末端类似毛刷的分叉牙齿，脸颊两侧分别有6个鳃裂（其他目的鲨鱼只有5个）。

皱鳃鲨的鳃不仅多，还鼓大，能尽可能多地吸收水中的氧气，使得它们能以较快速度攻击猎物，然后用分叉的牙齿将猎物固定在口中。

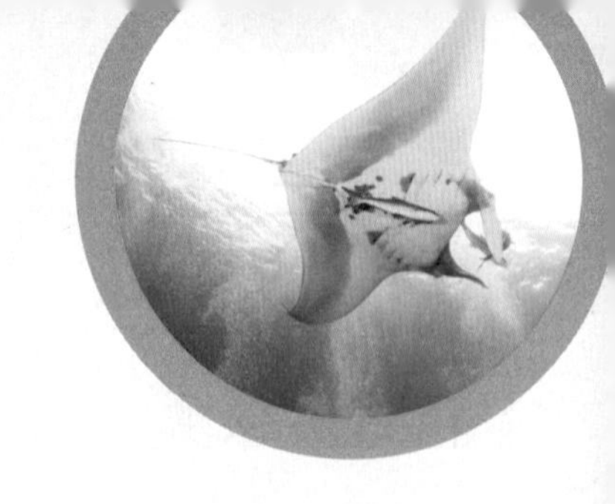

能上天的蝠鲼

受身体结构的限制，鱼类无法像鸟类那样翱翔蓝天，但有些种类的鱼却可以如滑翔机般短暂跃出水面，蝠鲼就属于此类。

蝠鲼是软骨鱼纲鲼形目蝠鲼科鱼的统称，共包含2属11种，分布于热带和亚热带海洋，主要在浅海区活动，以小鱼、小虾和浮游生物为食。蝠鲼身材像椭圆形的盘子，绝大多数的体长为0.5～1米，最大的种类长8米，重3吨。

蝠鲼的胸鳍呈三角形，看上去很像鸟类的翅膀。当想要跃出水面时，它们首先会以螺旋

shàng shēng de fāng shì kuài sù yóu dào hǎi miàn, dāng sù dù dá dào zuì kuài shí
上升的方式快速游到海面，当速度达到最快时

yòng xiōng qí fèn lì pāi jī shuǐ miàn, bǎ zì jǐ zhèn dào kōng zhōng. fú fèn
用胸鳍奋力拍击水面，把自己震到空中。蝠鲼

néng yuè chū shuǐ miàn mǐ zuǒ yòu de gāo dù, yǒu shí hái bàn yǒu kōng fān
能跃出水面2米左右的高度，有时还伴有空翻。

上嘴唇像锯子的锯鳐

剑吻鲨靠长鼻子搜寻猎物，锯鳐所利用的则是加长的上嘴唇。

锯鳐泛指软骨鱼纲锯鳐目锯鳐科下两个属的鱼，平均体长5～8米，少数可达9米。锯鳐分布于热带、亚热带海洋及淡水环境中，喜欢在浅水区的水底活动，以各种底栖的鱼、甲壳类以及软体动物为食。

锯鳐拥有一个长约2米的上嘴唇，嘴唇两侧分别有21～35对由鳞片演化而成的“吻齿”，看上去就像一把两边开刃的锯子，这也是它们得名的原因。想吃东西时，锯鳐首先会利用锯子两侧密布的小孔感知猎物发出的生物电流。在确定了猎物的位置后，它们会冲过去猛烈摇摆上嘴唇，用锋利的吻齿去戳猎物。如果猎物躲进泥沙里，锯鳐还会用“锯子”把它们挖出来。和鲨鱼的牙一样，锯鳐的吻齿也可以随时更换，所以它们会不吝惜地频繁使用。

拥有大板牙的

米氏叶吻银鲛

米氏叶吻银鲛是一种软骨鱼，但和属于板鳃亚纲（鳃间隔成板状）的各种软骨鱼不同，它们属于全头亚纲（上颌骨跟头骨是一整块骨头），是该亚纲下仅存的银鲛目的一员。米氏叶吻银鲛体长 1 ~ 2 米，栖息于澳大利亚和新西兰的近海区域，以虾蟹等甲壳类和软体动物为食。

米氏叶吻银鲛的别名“大象鱼”源于它们向前凸出的吻部，这也是它们挖食物的重要“工具”。在用“象鼻子”把藏身于泥沙里的猎

wù wā chū lái hòu mǐ shì yè wěn yín jiāo jiù huì jiāng qí zhì yú shàng hé
物挖出来后，米氏叶吻银鲛就会将其置于上颌

cū cháng qiě fēng lì de bǎn zhuàng yá chǐ hé biǎn píng de xià hé zhī jiān tōng
粗长且锋利的板状牙齿和扁平的下颌之间，通

guò niǎn yā de fāng shì pò ké chī dào lǐ miàn de ròu
过碾压的方式破壳，吃到里面的肉。

拥有8只眼睛的无颌鱼——七鳃鳗

绝大多数现存鱼类都拥有由上下颌支撑的嘴巴，因此被统称为有颌鱼类。与之对应的自然就叫无颌鱼类，七鳃鳗就是现存的两类无颌鱼之一。

七鳃鳗并不是单一物种，而是泛指整个七鳃鳗目。七鳃鳗目的鱼因体形和鳗鱼相似，以及头上的7对鳃孔而得名。这7对鳃孔的形状和眼睛近似，和真正的眼睛搭配在一起，看上去好像每一侧各有8只眼睛，所以又叫“八目鳗”。

虽然没有由上下颌组成的嘴巴，但七鳃鳗也得吃饭，它们头部最前端有个类似吸盘的圆形开口，就是它们的进食器官。

Photo Credits

Cover,5,6,16,18,69,80,102,103,105,125,128,161,166,170,180,200©National Geographic Partners, LLC

3,9,10,13,14,20,21,22,24,26,28,29,30,32,34,36,39,40,43,44,47,48,50,53,55,56,59,60,62,65, 66,71,73,75,76,78,82,84,86,89,90,93,94,96,98,100,101,106,108,109,110,113,115,116,119,121, 122,127,130,132,134,136,137,138,140,142,145,146,149,150,152,154,156,159,163,164,169, 173,174,176,178,183,185,186,188,190,192,194,195,196,197,199©highlight press